禽健康高效养殖环境手册

丛书主编：张宏福　林　海

环境手册

臧建军　王军军◎主编

中国农业出版社
北　京

内容简介

猪舒适环境适宜参数的确定是科学配置和合理调控猪舍环境控制系统的基础，本书以提高生产水平和改善猪的健康为最终目标，基于漏缝地板工艺与封闭式猪舍建筑模式，推荐了与中国集约化养殖猪群管理和不同阶段猪营养需要相匹配的饲养环境参数。全书共分六章，首先对各主要环境因子的基本概念、基础理论和国内外猪饲养环境控制设施进行概述；然后分别阐述了猪饲养温热环境、气体环境、光照环境、饲养密度与福利对猪生理、生产和健康的影响；接着对不同国家现有猪饲养环境参数推荐值、相关试验结果与调研数据进行归纳、比较和分析，同时介绍了目前国内猪舍各环境因子的控制方式；进而提出中国特色的猪健康高效饲养环境的温热、气体、光照和密度的推荐值；最后选择典型案展示了我国不同类型猪舍饲养设施配备与环境管理方案及运行效果。

丛书编委会

施振旦（江苏省农业科学院畜牧兽医研究所）
谢　明（中国农业科学院北京畜牧兽医研究所）
杨承剑（广西壮族自治区水牛研究所）
黄运茂（仲恺农业工程学院）
臧建军（中国农业大学）
孙小琴（西北农林科技大学）
顾宪红（中国农业科学院北京畜牧兽医研究所）
江中良（西北农林科技大学）
赵茹茜（南京农业大学）
张永亮（华南农业大学）
吴　信（中国科学院亚热带农业生态研究所）
郭振东（军事科学院军事医学研究院军事兽医研究所）

本书编写人员

主　　编：臧建军（中国农业大学）

王军军（中国农业大学）

副 主 编（按姓氏笔画排序）：

王朝元（中国农业大学）

方正锋（四川农业大学）

吴中红（中国农业大学）

黄飞若（华中农业大学）

参　　编（按姓氏笔画排序）：

王欣睿（吉林省畜牧总站）

龙定彪（重庆市畜牧科学院）

刘　鹏（中国农业大学）

刘静波（西南科技大学）

张振羽（青岛大牧人机械股份有限公司）

张海峰（黑龙江省农业科学院畜牧研究所）

高　云（华中农业大学）

高凤仙（湖南农业大学）

黄仕伟（中国农业大学）

虞　洁（四川农业大学）

审　　稿：季海峰（北京市农林科学院畜牧兽医研究所）

序一

畜牧业是关系国计民生的农业支柱产业，2020 年我国畜牧业产值达 4.02 万亿元，畜牧业产业链从业人员达 2 亿人。但我国现代畜牧业发展历程短，人畜争粮矛盾突出，基础投入不足，面临“养殖效益低下、疫病问题突出、环境污染严重、设施设备落后”4 大亟需解决的产业重大问题。畜牧业现代化是农业现代化的重要标志，也是满足人民美好生活不断增长的对动物性食品品质和量需求的必由之路，更是实现乡村振兴的重大使命。

为此，“十三五”国家重点研发计划组织实施了“畜禽重大疫病防控与高效安全养殖综合技术研发”重点专项（以下简称“专项”），以畜禽养殖业“安全、环保、高效”为目标，面向“全封闭、自动化、智能化、信息化”发展方向，聚焦畜禽重大疫病防控、养殖废弃物无害化处理与资源化利用、养殖设施设备研发 3 大领域，贯通基础研究、共性关键技术研究、集成示范科技创新全链条、一体化设计布局项目，研究突破一批重大基础理论，攻克一批关键核心技术，示范、推广一批养殖提质增效新技术、新方法、新模式，推进我国畜禽养殖产业转型升级与高质量发展。

养殖环境是畜禽健康高效生长、生产最直接的要素，也是“全封闭、自动化、智能化、信息化”集约生产的基础条件，但却是长期以来我国畜牧业科学研究与技术发展中未予充分重视的短板。为此，“专项”于2016年首批启动的5个基础前沿类项目中安排了“养殖环境对畜禽健康的影响机制研究”项目。旨在研究揭示畜禽舍温热、有害气体、光照、群体密度、空气颗粒物气溶胶5类主要环境因子及其对畜禽生长、发育、繁殖、泌乳、健康影响的生物学机制，提出10种主要畜禽高密度养殖环境参数及其多元化控制模型，为我国不同气候生态区安全、高效养殖畜禽舍建设、环境控制提供依据，支撑“全封闭、自动化、智能化、信息化”养殖方式发展重大需求。

以张宏福研究员为首席科学家，由36个单位、94名骨干专家组成的项目团队，历时5年“三严三实”攻坚克难，取得了一批基础理论研究成果，发表了多篇有重要影响力的高水平论文，出版的《畜禽环境生物学》专著填补了国内外在该领域的空白，出版的“畜禽健康高效养殖环境手册”丛书是本专项基础前沿理论研究面向解决产业重大问题、支撑产业技术创新的重要成果。该丛书包括：猪、奶牛、肉牛、水牛、肉羊（绵羊、山羊）、蛋鸡、肉鸡、肉鸭、蛋鸭、鹅共 11 种畜禽的 10 个分册。各分册针对具体畜种阐述了现代化养殖模式下主要环境因子及其特点，提出了各环境因子的控制要求和标准；同时，图文并茂、视频配套地提供了先进的典型生产案例，以增强图书的可读性和实用性，可直接用于指导“全封闭、自动化、智能化、信息化”养殖场舍建设和环境控制，是畜牧业转型升级、高质量发展所急需的工具书，填补了国内外在畜禽健康养殖领域环境控制图书方面的空白。

“十三五”国家重点研发计划“养殖环境对畜禽健康的影响机制研究”项目聚焦“四个面向”，凝聚一批科研骨干，带动畜禽环境科学研究，是专项重要的亮点成果。但养殖场舍环境因子的形成和演变非常复杂，养殖舍环境因子对畜禽生产、健康乃至疫病防控的影响至关重要，多因子耦合优化调控还需要解决一系列技术经济工程难题，环境科学也需要“理论—实践—理论”的不断演进、螺旋式上升发展。因此，希望国家相关科技计划能进一步关注、支持该领域的持续研究，也希望项目团队能锲而不舍，抓住畜禽健康养殖和重大疫病防控“环境”这个“牛鼻子”继续攻坚，为我国畜牧业的高质量发展做出更大贡献。

陈焕春

2021 年 8 月

序二

畜牧业是关系国计民生的重要产业，其产值比重反映了一个国家农业现代化的水平。改革开放以来，我国肉蛋奶产量快速增长，畜牧业从农村副业迅速成长为农业主导产业。2020 年我国肉类总产量 7 639 万 t，居世界第一；牛奶总产量 3 440 万 t，居世界第三；禽蛋产量 3 468 万 t，是第二位美国的 5 倍多。但我国现代畜牧业发展时间短、科技储备和投入不足，与发达国家相比，面临养殖设施和工艺水平落后、生产效率低、疫病发生率高、兽药疫苗用量较多等影响提质增效的重大问题。

养殖环境是畜禽生命活动最直接的要素，是畜禽健康高效生产的前置条件，也是我国畜牧业高质量发展的短板。2020 年 9 月国务院印发的《关于促进畜牧业高质量发展的意见》中要求，加快构建现代养殖体系，制定主要畜禽品种规模化养殖设施装备配套技术规范，推进养殖工艺与设施装备的集成配套。

养殖环境是指存在于畜禽周围的可以直接或间接影响畜禽的自然与社会因素的集合，包括温热、有害气体、光、噪声、微生物等物理、化学、生物、群体社会诸多因子，以及复杂的动态变化和各因子间互作。同时，养殖业高质量发展对环境的要求也越来越高。因此，畜禽健康高效养殖环境诸因子的优化耦合控制不仅是重大的生产实践难题，也是深邃的科学研究难题，需要实践—理论—实践的螺旋式发展，不断积累丰富、不断提升完善。

“十三五”国家重点研发计划“畜禽重大疫病防控与高效安全养殖综合技术研发”专项将“养殖环境对畜禽健康的影响机制研究”列入基础前沿类项目（项目编号：2016YFD0500500），并于2016年首批启动。旨在研究揭示畜禽舍温热、有害气体、光照、群体密度、空气颗粒物气溶胶5类主要环境因子，以及影响畜禽生长、发育、繁殖、泌乳、健康的生物学机制，提出11种主要畜禽高密度养殖环境参数及其多元化控制模型，为我国不同气候生态区安全、高效养殖畜禽舍建设、环境控制提供依据，支撑“全封闭、自动化、智能化、信息化”现代养殖方式发展的重大需求。项目组联合全国36个单位、94名专家协同攻关，历时5年，取得了一批重要理论和专利成果，发表了一批高水平论文，出版了《畜禽环境生物学》专著，制定了一批标准，研发了一批新技术产品，对畜牧业科技回归“以养为本”的创新方向起到了重要的引领作用。

“畜禽健康高效养殖环境手册”丛书是在“养殖环境对畜禽健康的影响机制研究”项目各课题系统总结本项目基础理论研究成果，梳理国内外科学研究积累、生产实践经验的基础上形成的，是本项目研究的重要成果。丛书的出版，既体现了重点研发专项一体化设计、总体思路实施，也反映了基础前沿研究聚焦解决产业重大问题、支撑产业创新发展宗旨。丛书共 10 个分册，内容涉及猪、奶牛、肉牛、水牛、肉羊（绵羊、山羊）、蛋鸡、肉鸡、肉鸭、蛋鸭、鹅共 11 种畜禽。各分册针对某一畜禽论述了现代化养殖模式、主要环境因子及其特点，提出了各环境因子的控制要求和标准，力求“创新性、先进性”，希望为现代畜牧业的高质量发展提供参考。同时，图文并茂、视频配套的写作方式及先进的典型生产案例介绍，增加了丛书的可读性和实用性。但不同畜禽高密度养殖的生产模式、技术方向迥异，特别是肉牛、肉羊、奶牛、鹅等畜种不适宜全封闭养殖。因此，不同分册的体例、内容设置需要考虑不同畜禽的生产养殖实际，无法做到整齐划一。

丛书出版是全体编著人员通力协作的成果，并得到了华沃德源环境技术（济南）有限公司和北京库蓝科技有限公司的友情资助，在此一并表示感谢！

尽管丛书凝聚了各编著者的心血，但编写水平有限，书中难免有错漏之处，敬请广大读者批评指正。

我们期望丛书的出版能为我国畜禽健康高效养殖发展有所裨益。

丛书编委会

2021年春

前言

随着中国“无抗养殖”时代的到来，饲养环境在改善动物健康状况，提高饲料利用效率，充分发挥遗传潜力，获得最大的生产性能和经济效益，并满足必要的动物福利要求等方面所发挥的基本保障作用越显突出。猪舍环境工程设计与猪饲养环境精准控制对规模化、集约化、智能化、智慧化养猪生产的影响巨大，然而在我国楼房养猪等新型建筑形式涌现、全封闭全漏缝地板养猪工艺成主流、高繁殖率和高瘦肉率品种猪占主导的新发展时代背景下，国内外已有相关猪饲养环境的标准、规范和指导手册等均与中国养猪产业发展变革的实际需求不匹配，为此有必要编写符合中国养猪产业实践和发展趋势的《猪健康高效养殖环境手册》，为养猪生产环境管理策略和饲养方案的制定提供技术与参数支撑。

作为“畜禽健康高效养殖环境手册”丛书之一的《猪健康高效养殖环境手册》，由国家重点研发计划“养殖环境对畜禽健康的影响机制研究”（2016YFD0500506）资助，是此课题的标志性成果之一。此手册是一本以指引生产为主要目的专业图书，可供从事猪饲养、管理及猪舍环境工程设计的人员参考，也适合高等院校畜牧兽医专业师生使用。

在对中国规模化养猪生产调研与猪舍环境参数监测的基础上，本手册在编写的过程中参考了国内外相关标准、规范、手册，检索汇集了全球公开发表的有关试验研究结果，并结合了编写委员会成员团队开展的试验研究进展和一线工作经验，同时通过生产实践，对本手册形成的饲养环境推荐参数进行验证和优化，从而形成了适应中国集约化养猪生产实际的权威性、针对性、实用性指导与参考手册。在实际使用过程中，应结合猪舍建筑类型、饲养工艺、气候特点、群体大小和营养摄入水平等，选择匹配的环境控制方式和目标参数，通过通风、供暖、降温系统和多指标调控设施设备的有机结合，有效控制猪舍环境，保障猪群的健康与高效生产，提升饲料养分利用率与生产效益，改善动物福利。

本书由承担重点研发计划“猪舒适环境适宜参数与限值研究”（2016YFD0500506）课题的全国4所农业大学和1个畜牧研究院，以及其他包括大学、研究所与养殖装备企业在内的3家单位，共15位专家共同完成，主要分工如下：前言（臧建军、王军军）；第一章（吴中红、高凤仙、刘鹏）；第二章（臧建军、王军军、龙定彪）；第三章（黄飞若、高云）；第四章（方正锋、虞洁）；第五章（王朝元、黄仕伟）；第六章（刘静波、张振羽、张海峰、王军军、臧建军），臧建军负责组织撰写、统稿、校改和插图完善等工作，王军军负责总体把关与指导协调等。

审稿人季海峰研究员对本书提出了很多中肯的修改意见。孟中、冯广军等在插图素材的收集过程中给予了很大的支持。谨此向所有帮助和关心本书撰写出版的同行致谢！

在各章节编写过程中参阅和引用了国内外大量的专著和文献成果，因篇幅所限，未能将参考文献全部列出，特此说明，并对相关专家和学者表示衷心的感谢！

受时间、学术水平和实践经验的限制，书中难免会有不当之处，甚至是错误，真诚欢迎读者批评指正。

编者

2021 年 6 月

目录

第一章
猪饲养环境控制与环境因子

第一节　猪饲养环境因子概述

环境因子是猪舍饲养环境组成的基本单元，主要包括温度、湿度、气流、有害气体、微粒、光照等。环境因子直接影响猪的新陈代谢、免疫机能、行为、繁殖力等，进而影响猪的生产水平。

一、温热环境因子

温热环境因子是指直接与家畜体热调节有关的外界环境因子，包括温度、湿度、气流（风）和热辐射等。以温度为核心的热环境是重要的环境因素，适宜的温热环境条件可使家畜保持良好的健康状态和较好的生产性能。

（一）空气温度

空气温度简称气温，是表示空气吸收或释放热量能力的物理量。空气中的热量主要来源于太阳辐射，其表示单位有摄氏度（℃）、华氏度（℉）等，其中摄氏度为国际标准单位。

干球温度（dry-bulb temperature，T_d）是指干湿球温度计球部不缠纱布的温度表或普通温度表所示的温度，代表空气温度，其值大于或等于湿球温度。

湿球温度（wet-bulb temperature，T_w）是指干湿球温度计球部缠湿润纱布的温度表所显示的温度。干球温度与湿球温度的差值越大，表明空气越干燥；反之，表明空气越潮湿。

舍内温度是影响猪健康和生产力的首要热环境因素。除了受舍外温度影响外，舍内温度的变化还取决于猪舍外围护结构的保温隔热性能、猪散热量、通风量等多种因素。猪在不同生理阶段都有适宜的温度范围。为维持体温的恒定，动物机体通过物理性调节增加或减少散热或/和通过化学性调节方式增加或减少产热。过高或过低的温度会使机体散热和产热失调，机体产生冷应激或热应激反应，从而影响猪的采食量、饲料转化效率、免疫代谢机能、生长与繁殖性能等。

等热区（thermoneutrality）指包括猪在内的恒温动物仅依靠物理性调节（即仅通过增加或减少散热）就可保持体热平衡和体温正常的环境温度范围。将等热区的上、下限温度分别称为上限临界温度（upper critical temperature，UCT）和下限临界温度（lower critical temperature，LCT）。影响等热区的因素很多，如猪品种、年龄与体重、生产力水平、饲养管理和营养水平等。幼龄仔猪体热调节机能发育不完善，同时体型较小，有相对较大的体表散热面积，对低温更敏感，其等热区较窄，下限临界温度较高。随着年龄和体重的增长，下限临界温度降低，等热区增宽。等热区和临界温度在养猪生产中有重要意义，将环境温度控制在等热区范围内，可保证猪生产力得到充分发挥，获得较高的饲料转化效率。

（二）空气湿度

空气湿度简称气湿，表示空气中水汽含量多少的物理量。在一定温度下一定体积的空气里含有的水汽越少，表示空气越干燥；水汽越多，表示空气越潮湿。气湿通常用绝对湿度、相对湿度、饱和湿度等指标来表示。

绝对湿度（absolute humidity）是指一定体积空气中含有的水汽量。绝对湿度可用空气中水汽的分压力表示（Pa），也可用单位体积空气中水汽的质量来表示（g/m^3）。

饱和湿度（saturation humidity）是指在一定温度和气压下，空气能容纳的水汽量是个定值，该值为饱和水汽压或饱和湿度。

相对湿度（relative humidity，RH）是指空气实际水汽压（或绝对湿度）与该温度下的饱和水汽压（或饱和湿度）之比，以百分数（%）表示。相对湿度可以直观表示空气中的水汽距离饱和的程度，通常空气湿度用该指标表示。温度升高，相对湿度降低；反之，相对湿度升高。

湿度主要是通过影响机体的体热调节来影响猪的生产力和健康。在不同的温度情况下，它与气流、辐射等其他因素共同对猪生产性能产生影响。在温度适宜时，湿度对机体无显著影响，而在高温下高湿度会阻碍动物机体蒸发散热，低温下促进辐射和传导散热。因此，高温高湿、低温高湿对猪的体热调节均有不利的影响。同时高温高湿会促进病原性真菌、细菌和寄生虫的生长繁殖，从而增加猪体患病概率；低温高湿容易引起呼吸道疾病、关节炎等疾病。此外，舍内相对湿度也不能低于40%，低湿容易飘浮灰尘，引发猪呼吸道疾病，促进其他疾病的传播。

（三）热辐射

热辐射（thermal radiation）是一种物体以电磁辐射的形式把热能向外散发的热传方式。它不依赖任何外界条件而进行，是显热的三种传导方式之一。关于猪舍的热辐射程度，可用黑球温度

（black globe temperature，BGT）来表示。黑球温度也叫实感温度，是一个综合的温度，表示在热辐射环境中动物受辐射和对流热综合作用时，温度表示出来的实际感觉。所测的黑球温度值一般比空气温度高一些。凡是温度高于绝对零度的物体都能产生热辐射，成为热辐射源。温度愈高，辐射出的总能量就愈大。猪舍内的热辐射源有太阳、墙壁及舍内设施设备等。热辐射会与其他热环境因素共同作用动物机体，通过影响机体热平衡而影响猪体健康和生产性能。热辐射损伤动物机体后会引起炎症因子、分子伴侣等相关基因的表达量改变。影响猪辐射散热的因素有天气条件、太阳高度角、猪舍围护结构、猪舍朝向、猪的姿势等。

（四）气流

气流主要指猪舍空气因自然或机械动力而产生的运动。常用的状态指标有风速、通风量及风向等。风速是指单位时间内空气在水平方向上移动的距离，常用单位是m/s。通风量是指每小时猪舍内需要更换或吸入的空气量，常用单位是m^3/h。通风换气的目的主要是改善环境温度，增加舍内空气含氧量，排出舍内多余水汽、微生物、有害气体等。因此，通风是猪舍环境控制的第一要素，通常与舍内的温度联系在一起。

气流主要影响猪的对流散热和蒸发散热，其影响程度因风速、温度和湿度不同而有所差异。增大风速有利于动物机体体表水分的蒸发，故风速与体表蒸发散热量成正比。在高温时，如果气流温度低于皮肤温度，增加风速有利于对流散热，在低温时增加风速可能会导致猪散热量增加，产生冷应激，增加能量消耗，进而降低生产水平，还会导致幼猪发病率和死亡率增加。因此，为维持猪的最佳生产状态，需在不同的季节、不同的生理阶段提供适宜的风速。同时为保证适宜的空气质量，夏季应提供适宜的通风量，冬季同时满足猪舍的最小通风量。具体的通风量需求可按照换气次数或根据饲养密度所需换气量来计算。

（五）热环境的综合评定

热环境各因素（气温、气湿、气流、热辐射）对猪的影响是综合性的，要评定热环境因素对猪的影响，必须将各环境因素综合起来分析，气温是各因素中的核心因素。综合评定热环境的指标有以下几种：

温湿度指数（temperature-humidity index，THI）是综合温度和湿度来评价夏季环境炎热程度的指标。猪的温湿度指数计算公式：

$$THI=(1.8T_d+32)-(0.55-0.55RH/100)[(1.8T_d+32)-58]$$

式中，T_d 为干球温度（℃）；RH 为相对湿度（%）。其中 $THI \leqslant 74$ 表示猪生长环境适宜；$74 < THI \leqslant 79$ 为轻度热应激水平；$79 < THI \leqslant 83$ 为中等程度热应激水平；$THI > 83$ 为严重热应激水平。

有效温度（effective temperature，ET）亦称“实感温度”或“体感温度”，是综合反映温度、湿度和气流三个主要温热因素对猪体热调节影响的指标。育肥猪（体重 75～120kg）的 ET 计算公式：

$$ET = 0.75T_d+0.25T_w$$

式中，T_d为干球温度（℃）；T_w为湿球温度（℃）。

而对于体重 20～30kg 的猪，其对 T_d的敏感性略高，ET 计算公式：

$$ET=0.65T_d+0.35T_w$$

式中，T_d为干球温度（℃）；T_w为湿球温度（℃）。

湿球黑球温度（wet bulb globe temperature，WBGT）综合考

虑空气温度、风速、空气湿度和热辐射四个因素来评价热应激程度。WBGT 是由黑球、湿球、干球三个部分温度构成的，其计算公式为：

$$WBGT = 0.7T_w + 0.2T_g + 0.1T_d$$

式中，T_d 为干球温度（℃）；T_w 为湿球温度（℃）；T_g 为黑球温度（℃）。

二、光环境因子

光环境是猪舍环境的重要组成部分，是由光的照度或强度、光色或光波长、光周期或光照时长形成的对猪繁殖、行为、健康和生长产生影响的环境。

（一）光的波长

根据光照来源，猪舍内的光环境可分为自然光环境和人工光环境。开放舍和有窗舍一般为自然光照，光源主要来自太阳辐射，其波长范围为 150～4 000nm。无窗密闭舍主要采取人工光照，光源来源于猪舍安装的可见光灯具（白炽灯、荧光灯管等），作为舍内照明或补充光照，其波长范围为 380～780nm。实际生产中猪大部分感光波长为 380～580nm，当光照波长超过这个范围时，猪虽然可以感受到光强，但其感光敏感度快速下降。

（二）光照度

光源的发光强度表示点光源在给定方向上提供照明的能力，简称光强、光度，用坎德拉（cd，坎）表示。单位时间内通过某一面积的光能称为光通量，单位为流明（lm）。光照度是指单位面积上所接受可见光的能量，简称照度，单位为勒克斯（lux 或 lx）。若以 1 坎的光源为球心，1m 长为半径，通过 $1m^2$ 球面的光通量为 1lm。人和动物对光强度的感觉又称视觉照度，是指 $1m^2$ 面积上的光通量为 1lm 时，该照度为 1lx，通常用于指示光照的强弱和物体表面积被照明程度的量。

猪舍内所需的最低光照度以猪眼部检测到的光照度为准，此时的光照度应该让猪能看清楚物体，可区分细小物体和微弱的光学信号。猪只区分黑暗和白天的光照度阈值为 40lx。不同的光源会影响猪接收到环境中的光照度。当光照度一样时，猪接收荧光灯的亮度是白炽灯的 2 倍。与白炽灯相比，荧光灯更接近于自然光照。因此，在设计猪场具体光照时需要考虑光源。照明灯建议放在猪的头顶上方，这样能让猪接受足够的光照。

（三）光周期

因昼夜、季节变化形成可见光明暗交替的变化规律称为光周期（photoperiod）。一昼夜 24h 内的明暗交替一次变化为一个光照周期。有光照的时间为明期，无光照的时间为暗期。自然光照时一般以日照时间计光照时间（明期），自然光照周期随着季节的变化而变化。人工光照时，灯光照射的时间即为光照时间，为期 24h 的光照周期为自然光照周期；为期长于或短于 24h 的称为非自然光照周期。不同国家或地区（美国、加拿大、新西兰、欧盟）推荐猪舍的最短光照时长为 8h。过长或过短的光照时长会降低动物福利，造成猪生理和行为上的应激，导致异常行为增加，影响其健康和生产性能。相比于光照度，光周期对猪的季节性影响更大。

生物节律是生物长期适应与其生存密切相关的具有周期性变化规律的环境因素，从而形成的相应周期性变化规律的生命活动。光周期是形成生物节律的重要因素，通过影响动物机体的体温、激素水平和酶的活性、代谢过程、行为活动模式等方面的节律性，调控猪的生长发育、性成熟、生产及繁殖性能等。

三、气体环境因子

良好的气体环境是保证猪健康生长的重要条件。在集约化养猪生产中，饲养管理和生产等过程会产生一些空气污染物，易造成猪发生疾病甚至死亡。猪舍的空气污染物被分为三类：有害气体、颗粒、微生物。

（一）有害气体

有害气体大多来自粪尿、腐败饲料残渣和垫料的分解，以及猪呼吸和自身散发。猪舍中的有害气体主要包括氨气、硫化氢、二氧化碳、恶臭。

1. 氨气 氨气（NH_3）是一种无色、有毒、易溶于水、具有强烈刺激性臭味的气体。猪舍内 NH_3 主要有两种来源：一种来源于胃肠道内，尿素在脲酶催化下分解产生 NH_3；另一种来源于堆积的粪尿、垫料和饲料残渣等分解产生的 NH_3。因其高度溶于水，因此易黏附在湿润的墙壁、地面及猪的黏膜上。NH_3 不仅会影响猪的生产性能，还会损害呼吸系统。猪舍中 NH_3 含量与饲养管理水平、饲养密度、舍内通风情况、清粪频率等因素有关。

2. 硫化氢 硫化氢（H_2S）是一种无色、易挥发、易溶于水的带有臭鸡蛋气味的有害气体。猪舍 H_2S 主要来源于粪便、垫料和饲料残渣中含硫有机物的降解，除此之外，粪中微生物厌氧反应亦会产生大量 H_2S。H_2S 比空气重，靠近地面浓度更高，一般易聚集在猪床、地面处，猪极易受到刺激影响。在高浓度 H_2S 的环境下会引起猪眼部炎症和呼吸道炎症，使患病猪出现畏光、流泪、咳嗽、鼻塞、气管炎，甚至引起肺水肿等；高浓度 H_2S 还可直接抑制呼吸中枢，引起猪窒息乃至死亡。另外，长期处于低浓度的 H_2S 环境中，猪体质变弱、抗病力下降、增重缓慢。

3. 二氧化碳 二氧化碳（CO_2）是一种无色、无臭、无毒、略带酸味的气体。猪舍中 CO_2 主要来源于猪群的呼吸、尿素分解、粪便微生物厌氧降解等，燃煤或燃油取暖设备也会产生 CO_2。CO_2 本身无毒害作用，其卫生学的意义主要是表明猪舍通风状况和空气污浊程度。猪舍内 CO_2 浓度升高，表明猪舍内通风换气量不足，其他有害气体含量也会增加，因此舍内 CO_2 浓度可作为猪舍通风换气的重要依据。实际生产中，舍内高浓度 CO_2 会造成猪缺氧，猪长期处于缺氧状态时易出现精神不振、食欲减弱、呼吸困难等症状，导致生产力降低，严重时可能会窒息死亡。

4. 恶臭 恶臭是指刺激人的嗅觉，使人产生厌恶感，并对人和动物产生有害作用的一类物质。猪舍内的恶臭物质主要来源于粪尿、垫料、饲料等污物的腐败分解，消化道排出的气体、皮脂腺及汗腺的分泌物等。粪尿的腐败分解是恶臭的重要来源，其所含的碳水化合物和含氮化合物在无氧条件下分解为乙烯醇、二甲基硫醚、甲胺和三甲胺等恶臭气体。

恶臭的成分十分复杂，包括挥发性脂肪酸、酸类、醇类、酚类、醛类、酮类、酯类及含氮杂环化合物等。恶臭不仅危害猪和饲养人员的健康，而且还会污染周边环境。其危害性与其浓度和作用时间有关。低浓度及短时间一般不会产生显著危害；高浓度时，恶臭物质会引起猪呼吸抑制，产生刺激、炎症、神经麻痹等生理反应，甚至出现窒息死亡，同时会引起猪内分泌功能紊乱，进而影响整个机体的生理功能及代谢活动。部分恶臭物质污染饮水和饲料后会对猪消化系统造成危害，出现肠胃炎、呕吐和腹泻等症状。

（二）颗粒

颗粒（particulate matter，PM）指粒径小、分散悬浮在气态介质中的固体或液体粒子，粒径大小为0.1～100μm。猪养殖中关注的微粒主要为总悬浮颗粒物（total suspended particulate，TSP）、可吸入颗粒物（PM_{10}）及可入肺颗粒物（$PM_{2.5}$）。TSP是指悬浮在空气中，空气动力学当量直径≤100μm的颗粒物。PM_{10}指空气动力学当量直径≤10μm的大气颗粒物，它们可以进入呼吸道。$PM_{2.5}$是指大气中直径≤2.5μm的颗粒物，可进入机体肺部，亦称为可入肺颗粒物，能较长时间悬浮于空气中，其在空气中浓度越高，就代表空气污染越严重。与其他空气颗粒物相比，$PM_{2.5}$粒径小、面积大、活性强，易附带有毒、有害物质（如重金属、微生物等），危害性最大。

猪舍颗粒物的产生和排放受到猪日龄、活动及季节等多种因素的影响。猪舍颗粒物主要来源于猪的皮屑、被毛、粪便及饲料粉尘微粒等，而含量主要与猪舍类型及其卫生状况等因素有关；生产管理过程中清扫地面、通风、除粪都会引起猪舍空气中颗粒浓度的升高。

（三）微生物

猪舍通风不良、饲养密度大、环境管理差等因素均会导致舍内灰尘及微生物较舍外多。其含量因舍内通风换气条件、猪群种类、饲养密度等不同而有所差异。空气微生物是如今集约化猪场环境污染的重要因素之一，其来源广泛，如猪排泄的粪尿、打喷嚏、咳嗽、剩余的饲料及垫料上存在的微生物等。环境空气中微生物一般不以单体形式存在，而通常附着于悬浮的固态或液态微粒上，在气体介质中形成分散体系，形成微生物气溶胶。猪粪便是微生物的重要来源，亦是其理想栖息地。微生物存在的数目及种类，尤其是一些病原微生物（如沙门氏菌、巴氏杆菌、致病性大肠杆菌、葡萄球菌、链球菌等），是造成环境污染和猪病的重要因素。

四、饲养密度

饲养密度（stocking density）是指猪在特定养殖空间范围内的密集程度，通常用每头猪的占地面积或一定面积内猪数量或质量表示，常用单位有 m^2/头、头/m^2或 kg/m^2。

猪舍内的饲养密度应保持在适宜的范围内。饲养密度过小，一方面会降低圈舍的利用率，不便于集中管理，造成舍内资源浪费，增加饲养成本；另一方面不利于舍内温度的维持，进而影响生产。而饲养密度过大的猪群因为活动空间不足、生活资源（饲料、饮水及空间）紧张、争斗行为增加等问题，易出现心理、环境及社交等方面的慢性应激反应，诱发猪生理机能和行为习惯发生改变，出现一些异常的行为方式（如咬尾、咬栏、空嚼、过度修饰等），结果引起采食量下降、免疫力降低、肉品质变差、生产周期延长等问题。同时饲养密度过大会增加猪舍的环境压力，细菌及病菌的繁殖加快、通风效果减弱、有害气体蓄积等，猪群免疫力因此降低，引发猪群消化道和呼吸道疾病，甚至出现有害气体中毒现象，严重时造成死亡，制约猪的生长及健康。

第二节　国内外猪饲养环境控制设施与发展现状

猪舍内环境关系到猪群的健康和生产性能，猪舍环境控制系统根据功能主要分为通风系统、供暖系统、降温系统等。不同阶段的猪对温湿度、气流、光照、空气质量等的要求不同，应结合饲养工艺、气候特点选择合适的环境控制方式，并将多指标调控的设施设

备有机结合，达到理想的环境控制效果，保障猪群的健康生产、提升生产效益。

一、冬季猪舍的保温与供暖

猪舍墙体、屋顶、门窗等外围护结构应选择热阻值高的保温材料，并保证足够的厚度，满足围护结构冬季低限热阻值要求，最低保证围护结构内表面温度高于露点温度。在寒冷地区或特定生理阶段的猪舍，单纯的建筑防寒无法达到猪所需温度要求时，则需配套供暖系统。猪舍供暖热源可分为传统燃煤、燃油或燃气水暖、地源热泵、热风供暖、电采暖、空调制暖等，目前应用较为广泛的供暖方式主要有以下几类。

（一）地暖供暖方式

地暖供暖系统是指在猪围栏内局部实体地面敷设热水管或电阻丝的采暖系统。目前，低温热水地面辐射采暖系统发展迅速，并且在养猪生产上应用广泛，效果较好。地暖较其他供暖方式供暖效率高，不需要占用额外的空间，而且能很好地适应猪的躺卧行为，猪在地面躺卧的热传导优于空气与猪之间的热传导。局部地面供暖既能保证猪维持适宜的温度，又可以节省供暖能耗，比较适用于哺乳舍和保育舍。地暖热水来源可以通过燃煤、电、天然气、沼气或者地源热泵方式取得，其缺点是长时间使用后易积存水垢，不便于修理维护，且实体地面卫生状况较差。

（二）散热器水暖供暖方式

水暖供暖系统在猪舍供暖中使用较多，根据末端散热器形式不同，常见的水暖有暖气片散热器供暖和热水风机盘管（热水空调）供暖两种形式。末端散热器为风机盘管时，锅炉提供的热水在猪舍的铜质盘管中循环，热量传递给其上的轻质铝翅片，风机强制使空气经过盘管和翅片表面时进行热交换，产生热空气，吹送到舍内起到供暖的作用（图 1-1）。风机盘管由于强化了散热器与空气间的对流换热作用，能够快速提升舍内温度，散热效率比暖气片高，但由于增加了风机，同时也增加了设备投资和运行成本。

锅炉-暖气片供暖本身不具有通风换气功能，需要有合适的通风系统与之协调使用。暖气片通常安装在猪舍通风通道内对新风进行加热，在舍内安装容易出现供暖不均匀的情况。

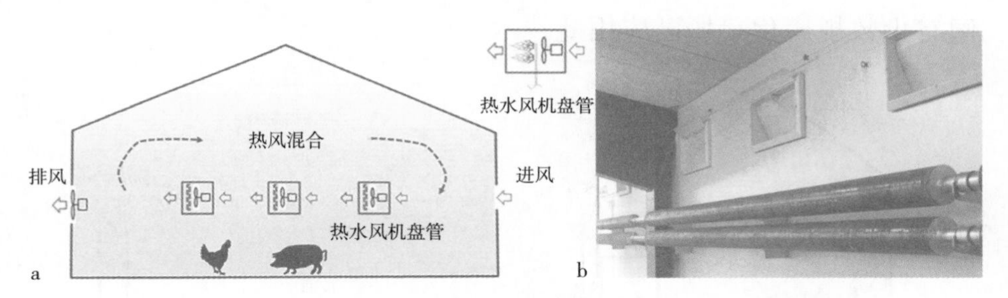

图 1-1　猪舍热水风机盘管和暖气片供暖
a. 猪舍风机盘管供暖　b. 猪舍暖气片供暖
（资料来源：Amec，2016；SKIOLD 公司，2021）

（三）风暖供暖方式

风暖供暖最常见的是热风炉供暖方式，燃烧煤炭、天然气、柴油等燃料提供热量，风机驱动产生气流，低温洁净的空气经过红热的炉膛时被加热到 60～80℃，直接或通过管道送入舍内供暖。热风炉的供暖能力较强，通过调节炉底风门的开启程度控制炉温或通过温控开关，分别调节热风的温度或猪舍内环境温度，为猪舍提供热量的同时也能起到一定的通风换气作用，能够解决冬季猪舍供暖与通风之间的矛盾。由于猪在地面活动，热风炉产生的热空气通过

管道很难直接送到猪只所在的高度，供暖的效率较低。

（四）地源热泵供暖

地源热泵技术是一种利用地下浅层地热资源（也称地能，包括地下水、土壤或地表水等），既可供热又可制冷的高效节能的空调技术。地源热泵通过输入少量的高品位能源（如电能），实现低温位热能向高温位转移（图 1-2）。该技术冬季可供暖、夏季可降温，是可再生能源，具有节能、环保、维持费用低等特点。但地源热泵技术因前期投资较高，且易造成水资源浪费，使用受到限制，在我国有少数规模化猪场已应用此技术。

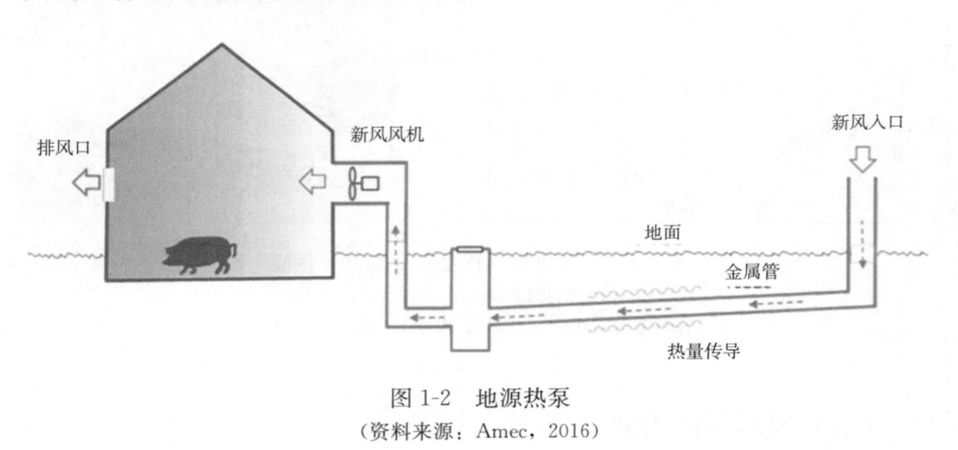

图 1-2　地源热泵
（资料来源：Amec，2016）

（五）其他局部供暖

哺乳阶段仔猪和保育仔猪对环境温度要求较高，适宜采用舍内局部供暖，来保证仔猪休息区域的温度。在母猪哺乳舍，仔猪栏的局部供暖既保证仔猪休息区域较高的温度，又不影响母猪。除采用地暖供暖方式外，也可在猪栏内使用保温灯加保温罩、电热地板、电热辐射顶盖板等为仔猪局部辐射供暖，有效降低仔猪的发病率和死亡率。

二、夏季猪舍的防暑与降温

猪舍外围护结构良好的隔热性能是改善舍内环境、降低运行成本、实现节能减排的根本措施，也是猪舍夏季防暑降温的前提。外围护结构需具有一定的热阻，猪舍屋顶、墙体可选择传热系数小的材料或增加材料的厚度，以减少通过屋顶、墙体传入的热量。猪舍围护结构的隔热指标，是以夏季低限热阻值控制围护结构内表面温度不超过允许值，防止舍内过热；以低限总衰减度控制围护结构内表面温度波动不至于过高，防止较强的热辐射和温度剧烈波动对人畜引起的不适；以总延迟时间控制内表面温度峰值出现的时间，使内表面温度的峰值出现在气温较低的夜间，减缓猪的热应激。夏季炎热的气候条件下，在建筑防暑措施无法满足生猪生产要求的温度时，需要配合相应的降温方式维持猪舍内适宜的温度。目前，猪舍应用较为广泛的降温方式主要有以下几类。

（一）湿帘降温系统

湿帘降温系统是目前猪舍应用最为广泛的蒸发降温方式，主要包括湿帘、水箱、水泵、管道、阀门等。湿帘降温利用蒸发降温的原理，当室外热空气经过被水浸润的湿帘时，湿帘上的水分蒸发，以汽化热的形式吸收空气的热量，使空气中部分显热转化为潜热，从而使经过湿帘的空气温度降低，达到降低舍内气温的目的。湿帘降温在气候干热地区的使用效果好于湿热地区，空气的相对湿度越低，降温幅度越大，适用于我国华北、华中、西南、东北大部分地区，但东南地区地处沿海，夏季相对湿度较高，部分地区使用效果较差。

湿帘降温实际只能将干球温度为 T_d 的空气降到接近湿球温度 T_w 的温度，而达不到 T_w，实际的降温幅度与理论的最大降温幅度之间的比值称为降温效率（ε），即：

$$\varepsilon = (T_d - T) / (T_d - T_w)$$

式中，T_d 和 T_w 分别为进风的干球温度和湿球温度；T 为进风过湿帘后的干球温度。

常见的湿帘降温方式有湿帘-风机负压通风降温系统和湿帘冷风机降温两种形式。湿帘-风机负压通风降温方式需要猪舍具有较高程度的密闭性，适用于有窗密闭猪舍和无窗密闭猪舍，除采用纵向通风外，也可以采用湿帘和风机分别在两侧纵墙上的横向通风方式，或采用湿帘在屋顶、风机在两侧纵墙，或风机在屋顶、湿帘在两侧纵墙的负压通风方式，后三种方式虽然降温和通风效率低于纵向通风方式，但该通风系统也适合冬季使用。

湿帘冷风机以正压送风的方式将经过湿帘降温后的冷空气送入室内，对猪舍的密闭性要求低，适用于各种类型的猪舍；并且可以使用管道送风至指定位置进行局部降温，也可以配置相应的风管或排气扇，使冷风分配均匀。

（二）喷淋喷雾降温

喷淋喷雾降温属于蒸发降温，在猪舍中也有较多的应用。喷淋降温是在猪舍安装喷淋系统，喷淋器喷出水蒸发带走热量达到降温的目的，可以使室温降低 2～4℃，降温幅度较小，适用于夏季气候较为温和的地区。喷雾降温是用气流喷孔向猪舍喷射细雾滴，雾滴降落的过程中汽化吸热达到降低舍温、增加散热的目的，同时可结合风机排风产生气流，排出舍内多余水汽，降温效果有限，一般在 1～3℃，且会增加室内湿度，适用于夏季干热地区。

（三）空调降温

空调降温是以压缩的制冷剂作为介质来冷却进入室内的空气，其优点是降温幅度较大，容易根据需要进行控制。这种降温方式对猪舍密闭性和隔热性能要求较高，过多的热量传入舍内会严重影响降温效果。由于猪舍空气中粉尘较多，需要定期清理空调的过滤器，保证降温效果不受影响。因空调降温设备投入和运行成本较高，在生产中应用较少，适用于夏季气候湿热地区的种猪场，保证种猪在炎热气候下正常的繁殖性能。空调降温虽然可以取得良好的降温效果，但由于空调本身的风量小，通风换气量不够，且为节能多使用内循环模式，所以舍内容易积累有害气体，造成空气污浊，需要配置合理的通风系统。

（四）水冷降温

水冷降温常见的方式有水冷空调和水冷地面。水冷空调的工作原理是利用地下 15m 左右的低温浅层地下水作为冷源，由水泵将地下水送进空调器内风机盘管中，使盘管具有较低的表面温度，同时空调器内的风机将热空气吹过盘管，二者发生热量交换，将盘管中冷源的冷量转移到空气中，并由风机以正压送风的方式把降温后的空气吹入舍内，地下水经回水管道流入回流井。机组内不断地再循环所在房间的空气，使空气通过冷水盘管后被冷却，实现舍内降温的目的。水冷地面原理与地暖相同，向地暖盘管中注入低温地下水，达到降低猪舍地表温度的目的。水冷降温设备投入低，节省电能，运行成本也较低；但耗水量很大，由此造成的地下水过度开采不仅是对水资源的巨大浪费，还会造成地下水位下降，地表沉降。所以水冷空调系统必须要有回灌系统，抽取的地下水在使用了其携

带的冷量后必须将其回灌到同一含水层中，同时由于仅用于夏季降温，回灌水温度较高，会破坏地热平衡。

三、猪舍的通风换气

通风换气是猪舍环境调控的核心与前提，除了影响猪舍内的空气质量外，还直接影响猪舍的保温供暖、防暑降温效果，对提高猪生产性能、保持健康及降低猪舍环境控制成本至关重要。猪舍通风换气首先需要确定猪舍所需的通风量，美国猪舍冬季建议的最小通风量如表 1-1 所示。猪舍通风方式分为自然通风和机械通风，常见的机械通风根据气流和压差又分为纵向负压通风、横向负压通风、地沟通风、正压通风等。随着养殖设备机械化及智能化的发展，猪舍的通风管理变得更复杂、更成熟，由原来的不同季节采取不同的通风方式发展为兼顾各季节的精准化、智能化通风管理。不同阶段的猪所适合的通风模式不同，应根据不同猪场猪舍的实际情况设计相应的通风系统，达到最好的通风状态，保障猪群的健康生产。

表 1-1　密闭式猪舍每头猪的建议通风量（m^3/h）

饲养阶段	寒冷气候				温暖气候	炎热气候
	湿度控制			有害气体控制		
	全漏缝地板	半漏缝地板	实心地面			
哺乳母猪及仔猪	17.0	28.9	34.0	59.4	135.8	551.9
保育猪（5.4～13.6kg）	1.7	2.7	3.4	5.9	17.0	42.5
保育猪（13.6～34.0kg）	2.5	4.2	5.1	8.5	25.5	59.4
生长猪（34.0～68.0kg）	5.9	9.3	11.9	17.0	40.8	127.4
育肥猪（68.0～99.8kg）	8.5	13.6	17.0	30.6	59.4	203.8
妊娠母猪（147.4kg）	10.2	17.0	20.4	34.0	67.9	254.7
公猪（181.4kg）	11.9	20.4	23.8	40.8	84.9	305.6

（一）自然通风

自然通风时舍外空气通过猪舍建筑的门窗、通风屋脊、一侧或两侧天窗（钟楼式）和屋檐下风口等进风口，以舍内外的风压或热压为动力，促进猪舍内空气流动，达到通风换气的目的。这种通风方式对猪舍的跨度有一定的要求，如果靠两侧纵墙的窗户进排风、无屋顶通风口时，跨度 9m 以内为好，不能超过 12m。

在夏季或春秋季节采取自然通风时，猪舍侧墙窗户、卷帘、带有可调节挡板的风口、屋檐下风口或屋脊风口等全部打开，在风压或热压的作用下，室外的空气以一定风速从这些风口进入，与舍内空气交换后从另一侧风口或屋顶风口排出，达到通风换气的效果（图 1-3）。但当夏季盛行风风速较低、舍外温度较高时，自然通风方式无法满足舍内通风兼防暑降温的需求，此时就需要机械辅助通风。冬季寒冷时为保证舍内的温度，一般会关闭或缩小侧墙窗口，在白天温度高时可选择性开启背风面的风口进行适量的通风。若采用通风屋脊、屋顶风管或天窗、纵墙上部风口等设施通风，则风口设立的导向板根据环境条件控制进风量和风向，舍外冷空气由纵墙上部风口进入，流经导向板与舍内上部热空气混合后下沉，可防止冷风直接吹向猪体。

自然通风系统比较简单，无其他动力设备，投资及运行成本相对较低，对电力能源的依赖性小，但不足之处是难以精确控制猪舍内的通风量，特别是在寒冷的天气条件下容易造成猪冷应激。在炎热的夏季或外界自然风风速较低或猪舍位置较差时，自然通风可能无法提供足够的气流来满足舍内夏季通风和防暑的要求。另外，猪舍内环境受舍外气候条件的影响较大，不利于舍内环境的稳定。由于自然通风模式缺乏对气流速度和气流分布的控制，无法满足现代化、规模化养殖的需求，在现代养猪场中的使

用越来越少。

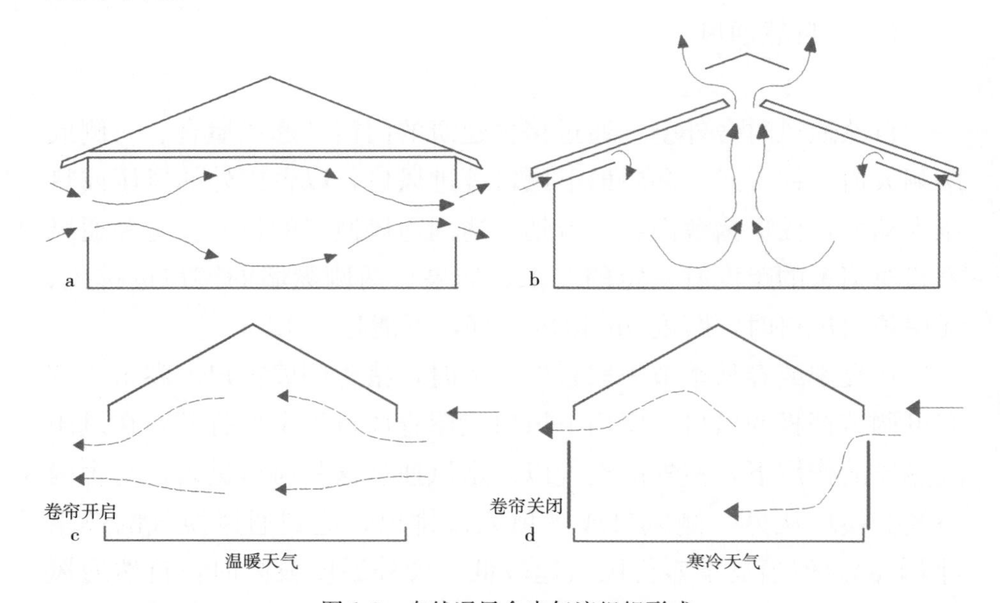

图 1-3　自然通风舍内气流组织形式

a. 侧墙自然通风　b. 屋脊自然通风　c. 温暖天气自然通风　d. 寒冷天气自然通风

（二）机械通风

机械通风可依据不同气候、猪的不同生长阶段进行合理设计和设备选型配套，实现机械控制猪舍所需通风量、气流速度和分布等，为动物生产创造良好的环境。按照猪舍内外气压差，机械通风可分为负压通风、正压通风和联合式通风；按照舍内气流组织和流动方向又可分为横向通风、纵向通风、垂直通风等。

1. 负压通风　负压通风是指通过风机将猪舍内空气排出舍外，造成舍内空气压力低于舍外大气压，舍外空气在压力差作用下通过进气口自动进入舍内，在舍内形成定向、稳定的气流带。负压通风设备简单、投资少、管理费用较低，在猪舍设计中应用很普遍。根据排风口的位置和舍内气流走向一般分为纵向负压通风、横向负压通风等。

（1）纵向负压通风　纵向负压通风是猪舍一端的风机将舍内的空气排出，使舍内的气压低于舍外，舍外空气由另一端进风口流入舍内，达到通风换气的效果。几种常见的纵向负压通风形式见图 1-4。纵向负压通风的气流通过的截面积比横向负压通风的小，舍内风速大、通风效率高，气流分布均匀，减少了舍内通风死角并避免了猪舍间气流的交叉污染。纵向负压通风系统有通风效率高、设备简单、成本低廉的优势；但在冬季使用时，由于进风口集中、风速大，冷风容易造成动物冷应激。

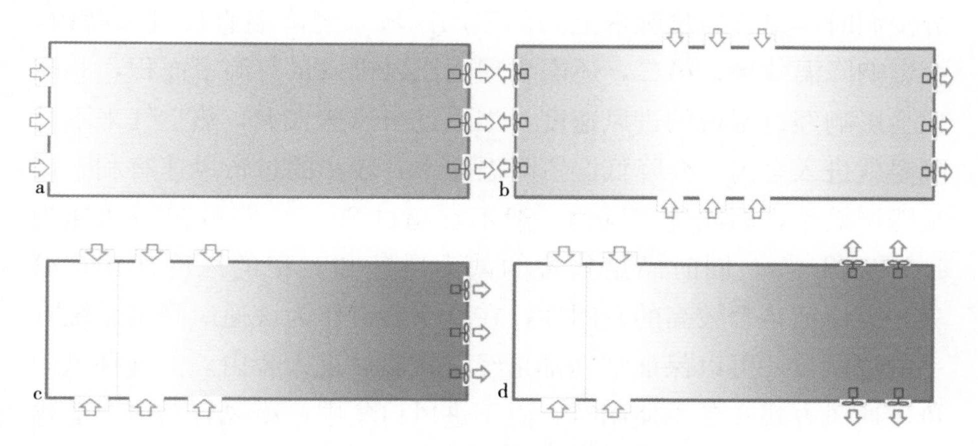

图 1-4　几种常见的纵向负压通风形式

a. 进风口和风机在端墙　b. 风机在端墙、进风口在纵墙（中部）

c. 风机在端墙、进风口在纵墙　d. 进风口和风机在纵墙

（资料来源：Amec，2016）

纵向负压通风在夏季使用有很好的效果，通常会结合湿帘或喷雾降温配套使用。目前在猪舍应用最为广泛的是湿帘降温负压纵向通风系统（图 1-5），既可以降低舍内温度，同时可在舍内形成一定的风速，产生风冷效果，增加猪体表的对流散热和蒸发散热。

纵向负压通风和湿帘结合要取得良好的效果，在使用中还需要注意几个问题；第一，应保证湿帘充足的供水，当湿帘没有被水充

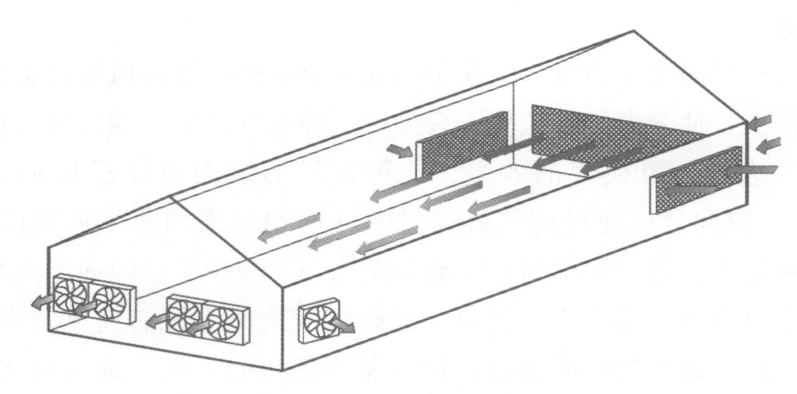

图 1-5　湿帘降温结合纵向通风示意

分浸润时，空气通过湿帘上局部干燥区域未经降温直接进入舍内，会影响降温效果；第二，还需合理配比风机风量与湿帘面积，其配比会影响经过湿帘的进风速度，如果过帘风速太大，热空气来不及降温就进入舍内，会降低湿帘降温效率，较小的过帘风速有利于提高降温效率，因此过帘风速一般不宜超过 2m/s，最佳过帘风速为 1.2～1.8m/s，同时满足猪舍的截面风速和对猪的风冷作用；第三，需保证猪舍较高的密闭性，在夏季湿帘作为该通风降温系统唯一的进风口，可以保证空气都是经过降温后进入舍内。但这种纵向负压通风方式在冬季使用时，由于进风口集中，冷风容易造成动物冷应激，可以在湿帘进风口安装自动卷帘，根据季节控制进风口大小或者封闭湿帘入口，且进风口采用屋顶进风或者侧墙小窗进风的方式。

（2）横向负压通风　横向负压通风系统是指舍外空气从一侧风口、双侧风口或屋顶风口进入舍内，一侧墙壁或屋顶安装排风机将舍内空气排出舍外。当猪舍的跨度小于 12m 时，可采用一侧墙壁设立风口，另一侧墙壁安装排风机的通风模式（图 1-6a）。当猪舍的跨度大于 12m 时，通风距离过长，容易造成通风不均匀、温差大的问题，可采用两侧墙壁排风屋顶进风的横向负压通风方式（图 1-6b），或采用屋顶排风两侧墙壁进风的通风模式（图 1-6c）。与纵向负压通风相比，在相同通风量时横向负压通风气流通过的纵截面积大，舍内截面风速较低，在春、秋季使用时其通风效果较好，冬季通风时对动物的冷应激相对较小。在夏季横向负压通风结合湿帘降温使用时，因通风距离短，故部分新鲜空气来不及与原有空气混合就直接从风机口排出，造成通风降温效果不佳、能源浪费，且夏季满足舍内通风需求时所需风机数量多、通风能耗高。

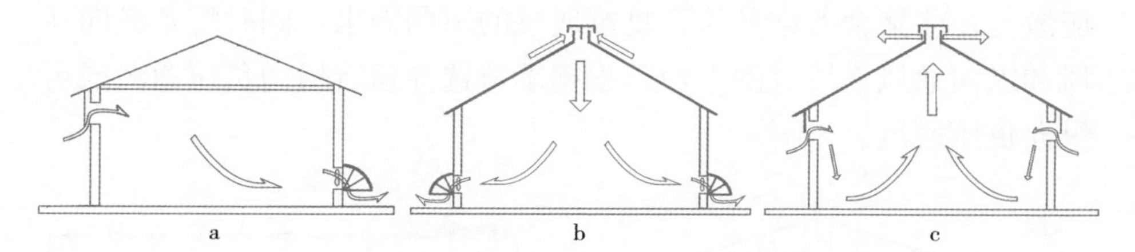

图 1-6　横向负压通风猪舍内气流组织形式
a. 侧墙进风（跨度小于 12m）　b. 屋顶进风（跨度大于 12m）　c. 屋顶排风（跨度小于 12m）

目前部分大跨度猪舍在应用横向负压通风时，在传统横向负压通风技术基础上改进排风机能耗、气流方向、风口设置等，提高了横向送风效率并节省了通风能耗，同时保证每个区域猪舍具有相同的通风速度及通风量。该通风模式在猪舍两侧墙壁均匀布置进风口，中间屋顶均匀设立烟囱式空气动力排风口，排风口安装高输出、低功耗的排风机，安装智能控制系统调控进风口和排风机启闭，自动控制气流方向、速度和风量，同时舍内配置温度及二氧化碳监测探头，在有效精确控制猪舍环境的同时大大降低功耗。在温暖季节，两侧墙壁的风口全部打开，污浊空气由屋顶风机排出，舍外新风以较快的速度被吸入猪舍，加大动物周围的空气循环，改善空气质量。寒冷季节，智能控制系统自动调整两侧进风口大小及导向板方向，猪舍外新风被导流吹向天花板与上方的热空气混合，同时调整风机排风量，满足最低通风量需求，降低畜舍风速，避免冷应激。该通风系统在冬季使用时可配套供暖或加热设备如螺旋翅片热水管，以增加散热面积、提高供暖效率，并可减少通风冷应激。

夏季炎热时在进风口配置高压喷雾降温系统，可使猪舍内温度降低2～10℃，同时不会明显增加舍内湿度，可缓解夏季热应激。

从上述横向和纵向负压通风的特点可以看出，横向负压通风适合冬季和春、秋季温度较低时猪舍的通风，减少冷风对动物的刺激；纵向负压通风适用于夏季降温，增加猪的对流和蒸发散热，与湿帘降温和喷淋降温结合能够取得良好的效果，可以有效缓解猪热应激。一些猪舍考虑冬季和夏季通风的不同需求，同时配备横向通风和纵向通风系统（图1-7），根据季节选择运行横向负压通风或者纵向负压通风。

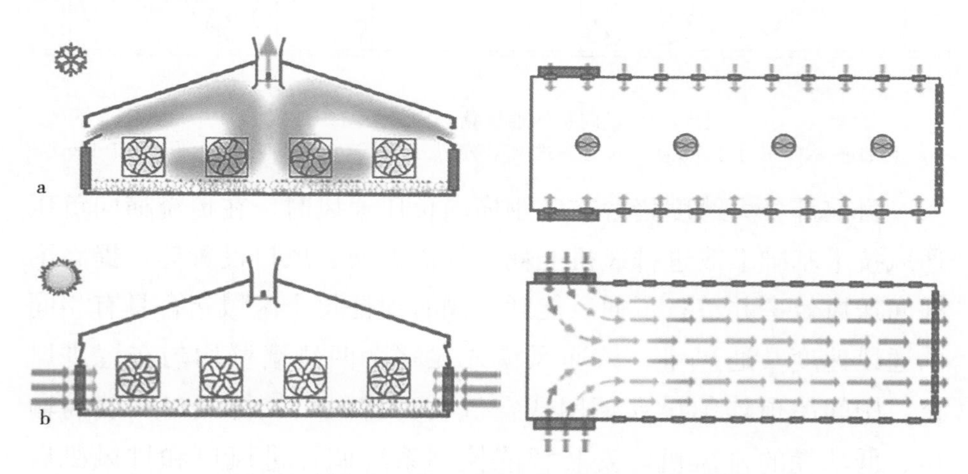

图1-7　横向和纵向混合负压通风的气流组织形式
a. 寒冷天气横向通风的气流组织　b. 温暖天气纵向通风的气流组织
（资料来源：SKOV公司，2021）

（3）负压地沟通风　地沟通风是与液泡粪工艺结合的一种负压通风方式，也是目前猪场较常见的通风方式。地沟处的排风机将猪舍和地沟中的有害气体排出舍外，在地沟中形成负压，新风从屋檐或纵向进风口进入，通过猪舍的漏缝地板进入地沟中，而地沟中粪尿发酵产生的有害气体在压力差作用下也不容易通过漏缝地板进入上方猪活动的区域（图1-8）。负压地沟通风整体气流是垂直走向，属于垂直通风，是猪舍较为常见的垂直通风方式。

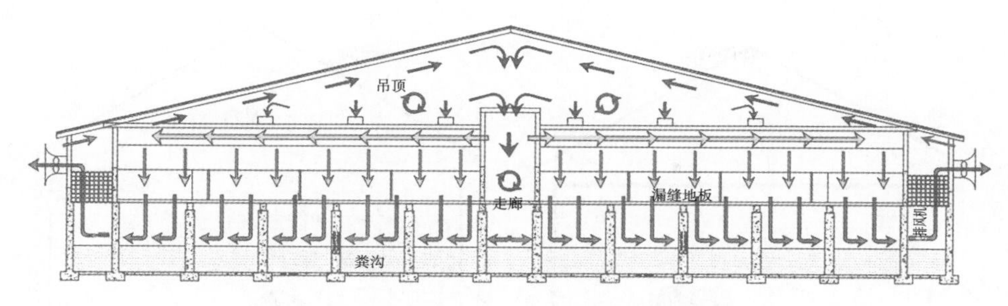

图 1-8　地沟负压通风的气流组织形式
（资料来源：AIRWORKS 公司，2021）

地沟负压通风方式在我国寒冷地区冬季的应用效果不理想，一方面由于天气寒冷，通风量降低，地沟中有害气体无法及时排出，猪舍内有害气体浓度高，严重影响猪只健康；另一方面，冬季冷风会从漏缝地板通过，产生的气流会降低猪体感温度，使仔猪产生冷应激。如果按照猪舍冬季最小通风量计算，地沟和猪舍之间难以建立足够的压差来阻止地沟粪尿产生的有害气体进入到猪舍内；如果增加通风量会造成舍内温度过低或者供暖成本过高。此外，地沟通风系统还受限于地沟液面与出风管口的距离，管理不当易造成通风管道堵塞。

2. 正压通风　正压通风是指由猪舍墙壁一侧、一端或屋顶上的风机将舍外新风直接或间接（布置的送风管道）强制送入猪舍内，舍内气压高于舍外，舍内污浊空气通过对侧风口、粪坑或其他排风口自然排出的通风换气方式（图 1-9）。根据风机位置可分为侧壁正压送风和屋顶正压送风，根据风向可以分为正压横向通风和正压纵向通风。该通风方式可用于开放、半开放或密闭式猪舍，其通风优点是可在进风口附加设备对流入的空气进行加热、冷却或过滤等预处理，从而有效保证舍内的空气质量和适宜的温湿度；但不足之处是送风阻力相对较大，易存在通风死角，所需的运行成本及管理费用高。

在冬季，部分猪舍会利用正压通风原理进行保温通风，达到

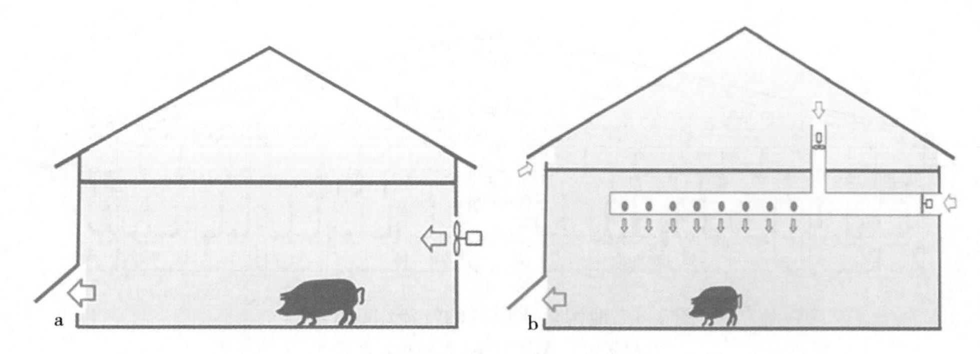

图 1-9　猪舍正压通风方式

a. 侧墙进风的正压通风方式　b. 侧墙管道和屋檐进风的正压通风方式

（资料来源：Amec，2016）

改善空气质量的目的。例如，热风炉通风就是采取正压送风的原理，将冷空气加热后以正压的方式通过送风管道送入舍内，解决冬季通风风速大、进风端温度低等问题，但这种供暖通风方式能耗高。在夏季，常见的湿帘冷风机正压送风方式，通过管道将降温后的空气正压送风到猪所在的位置，气流的风冷作用也可有效缓解夏季热应激。对于密闭性较差而不宜使用其他通风降温方式的猪舍，这种通风降温方式可以取得良好的通风降温效果。

3. 联合式通风　联合式通风又称混合式通风，为正压送风和负压排风相结合的通风方式。兼具两种通风方式的优点，但需要两套通风设备，投资大且管理复杂，畜舍中应用的排风热回收通风系统就是一种联合通风方式。

（三）猪舍常见进排风气流组织和空气处理方式

猪舍通风形式多样，进风方式直接关系到猪舍通风换气、降温、供暖的效果。常见的进风方式有吊顶进风、侧墙通风窗进风、风管进风等，还有针对防疫的新风过滤处理等。随着节能和环保要求的提高，排风处理也逐渐受到关注，常见的有排风热回收和排风除臭处理。

1. 吊顶进风 新风通过屋檐口或屋脊进入猪舍吊顶中，在吊顶中经过预热后再通过吊顶进风口进入猪舍内（图 1-10）。该进风方式的进风角度可以通过进风窗角度进行调节，可以在不额外耗能的情况下对冷风进行预热，减少冬季冷风对猪的影响，降低通风保温能耗，并且进风量小，多适用于冬季通风。但这种进风方式必须保证吊顶或屋顶良好的保温性能，否则容易在吊顶上结露，形成积水，对吊顶设备和管线等造成损坏或增加漏电等安全风险。

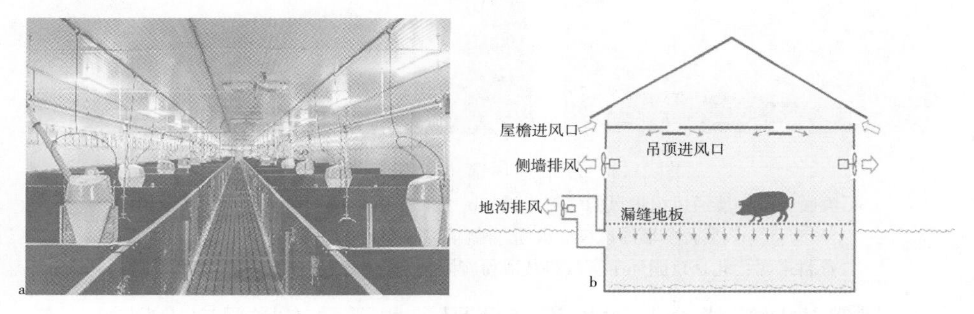

图 1-10 吊顶进风

a. 猪舍吊顶进风 b. 猪舍吊顶进风的气流组织

（资料来源：Amec，2016）

2. 侧墙通风窗进风 侧墙通风窗带有可调节角度的气流挡板，可以将冷风引导进入，并沿猪舍屋面滑行，与舍内温暖空气混合后缓慢沉降，最终与地面上的猪接触，可减少冷风对猪的影响（图 1-11）。该进风方式适合没有吊顶的猪舍，但在冬季天气寒冷情况下使用时，冷风温度过低，会引起猪的冷应激，而且进风口结露容易冻结，导致挡风板无法调节角度。

3. 风管进风 风管进风是由风机将新风送入管道中，再由管道上的送风口将新风以正压方式送到猪舍内对应的区域，达到通风换气的目的（图 1-9b）。畜舍中常见的风管材质有布风管、PVC 风管和镀锌板风管等。

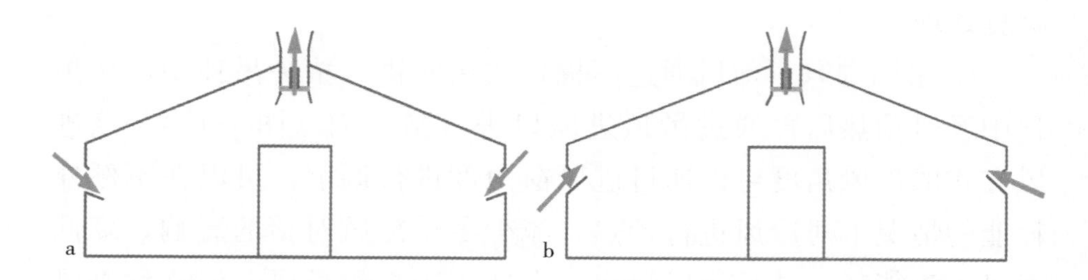

图 1-11　侧墙通风窗进风和气流混合

a. 温暖天气侧墙通风窗进风的气流组织　b. 寒冷天气侧墙通风窗进风的气流组织

c. 猪舍侧墙通风窗　d. 猪舍侧墙通风窗进风的烟雾试验

（资料来源：北京京鹏环宇畜牧科技股份有限公司，2021；SKOV 公司，2021）

风管进风通常会与温控设备联用，如夏季连接湿帘冷风机、冬季连接热风炉等，控制舍内温度的同时进行通风换气，可以对猪舍进行整体温度控制和通风，也可以设计风管的开口和位置，对动物所在局部区域进行温度控制和通风。

4. 新风过滤　一些核心种猪场，由于防疫要求高，通风系统使用空气过滤器对新风进行过滤，新风依次经过初效、中效和高效空气过滤器后可去除新风中的悬浮颗粒物和病原微生物，其中对当量直径≥0.3μm 颗粒物的去除效率为 99.97%（图 1-12）。

为了防止未经过滤的空气通过门窗缝隙进入舍内，猪舍要求以正压送风方式，保证猪舍正压环境。这种空气处理方式能够有效阻断空气源病原的感染和传播，去除进入舍内空气的颗粒物，减少病原微生物附着的载体，如常见的猪蓝耳病病毒、口蹄疫病毒和猪高热病病毒等致命病毒都可以通过新风过滤装置有效地被过滤。但这

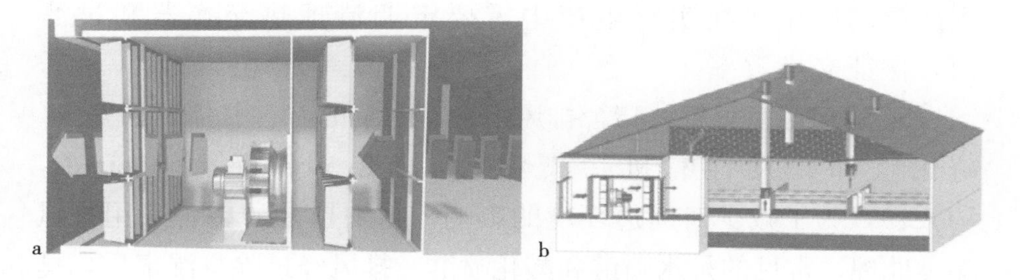

图 1-12 猪舍新风过滤系统
a. 新风过滤系统的初效、中效和高效空气过滤器 b. 猪舍新风过滤系统整体布局
（资料来源：江西奥斯盾农牧设备有限公司，2021）

种处理方式中过滤器会大幅增加通风系统静压和风机的运行能耗，由于外界空气和猪舍粉尘较多，过滤器清洗、更换频繁，所以会增加环境控制成本。

5. 排风热回收 猪舍通风换气会带走大量的热量导致寒冷地区猪舍供暖成本增加，排风热回收采用空气-空气热交换器将排风中的热量用来预热新风，可以达到节能通风的目的，原理如图 1-13 所示。该排风方式适用于冬季寒冷气候，可以减少20％左右的燃料消耗，节约供暖费用，可以在不明显降低猪舍温度的情况下增加猪舍的通风量。随着对猪场环保和节能要求的逐渐提高，以及燃料价格的上升，排风热回收技术越来越得

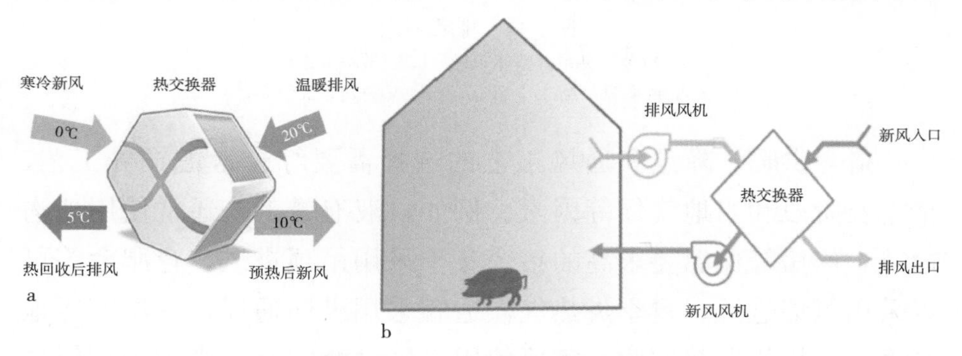

图 1-13 排风板式热回收示意
a. 板式热回收通风原理 b. 猪舍板式热回收通风
（资料来源：Amec，2016）

到广泛的应用。在实际生产中需要定期清理热交换器和过滤网，保证交换效率。

6. 排风除臭处理 猪舍排风中含有恶臭的有害气体，如氨气、硫化氢和挥发性有机污染物（volatile organic compounds，VOCs），为了减少对周边环境的影响，越来越多的猪舍采用排风除臭处理，常见的是水喷淋和酸化喷淋。排风经过除臭湿帘后，臭味物质溶解到水中起到除臭的作用（图 1-14）。这种方式能够去除排风中大部分的水溶性臭味气体，有效改善周边空气环境，但对 VOCs 的吸收效率较低。在实际生产中需注意，吸附有害气体的水需要经过无害化处理，避免二次污染。

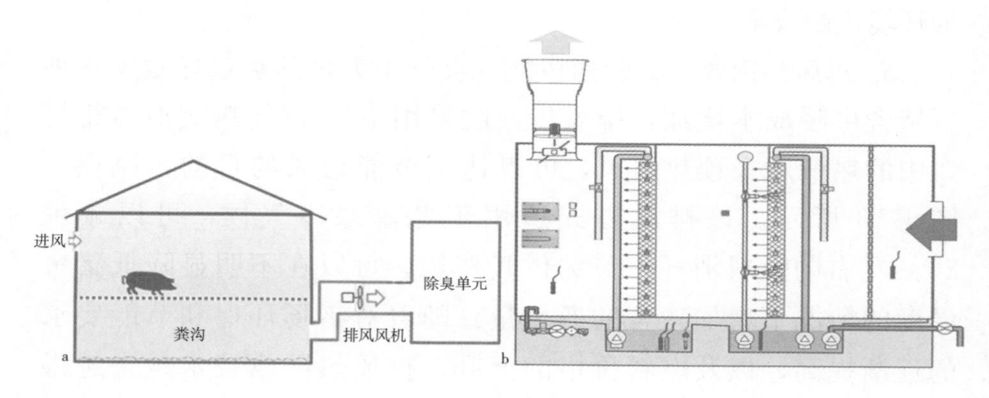

图 1-14　排风除臭

a. 猪舍除臭系统整体布局　b. 喷淋除臭原理

（资料来源：Amec，2016；SKOV 公司，2021）

猪舍供暖、降温和通风工艺的选择需要综合考虑饲养工艺、猪生长阶段和当地气候等因素。例如，液泡粪工艺通常使用地沟通风，产房等保温要求高的猪舍冬季采用吊顶进风，育肥舍等可以采用侧墙进风；夏季炎热气候适宜采用纵向通风，冬季寒冷地区适合使用排风热回收，需要使用空气过滤的猪舍必须采用正压通风。只有充分考虑这些因素，猪舍环境控制才能取得良好的效果。

四、其他环境因素调控

（一）猪舍采光与照明

光照是猪舍环境控制的重要因素之一。光照波长（光色）、光照周期和光照度均会影响猪生产性能和繁殖性能。合理的光照有利于调控生理节律，提高猪生产力，增加养殖经济效益。根据光源不同，猪舍的光照可分为自然光照和人工照明。影响自然光照的因素主要是猪舍朝向和窗口大小及位置。我国处于北半球纬度20°—50°，大部分区域处于北回归线以北，冬季太阳高度角小、夏季太阳高度角大，所以我国大部分地区的猪舍朝向应选择朝南或偏南的方向，这样冬季有较多的光照进入舍内，有利于猪舍的保温。

猪舍采用自然光照时，需要根据采光系数（窗地比）计算窗口的面积。采光系数是指猪舍有效采光面积与舍内地面面积之比，一般建议种猪舍的采光系数为1∶（10～12），育肥猪舍的采光系数为1∶（12～15）。在无特殊采光要求时根据入射角与透光角确定窗口的位置，即窗户上、下沿的高度，最低要求入射角不小于25°，透光角不小于5°。在窗口的布置上，炎热地区南北窗的面积比可为（1～2）∶1，寒冷地区可为（2～4）∶1。

人工光照不仅用于密闭式猪舍，也用于自然采光猪舍补充光照。如果当地日照时间过短，需要人工补充光照时间。例如，冬季光照时间11h，而后备母猪和妊娠母猪需要的光照时长为14～16h，可以在日出前或日落后人工补充3～5h的光照。

影响人工照明的因素主要是光源、灯的悬挂高度和分布。常见的人工灯具有白炽灯、荧光灯和LED灯。不同的光源会影响猪接收环境中的光亮度，相同功率灯具在单位面积提供的照度大小主要

与灯具发光效率有关，人工灯具提供的可见光照度见下式：

$$E_v = P \times \eta / A$$

式中，E_v为照度（lx）；P 为灯具功率（W）；η 为发光效率（lm/W）；A 为面积（m^2）。

白炽灯光线约 1/3 为可见光，其余 2/3 为红外线，主要以热的形式散失到环境中，因此白炽灯发光强度仅为荧光灯的 1/3，荧光灯比白炽灯节约 70%的能源。在悬挂高度 2m 左右时，1W 的白炽灯光源在每平方米舍内可提供 3.5～5.0lx 的光照度，1W 的荧光灯光源在每平方米舍内可提供 12.0～17.0lx 的光照度。灯的悬挂高度直接影响地面的光照度，一般灯具悬挂高度在 2.0～2.4m。灯的分布上，为使舍内的光照尽量均匀，需要适当减小每盏灯的瓦数，增加灯的盏数。行间灯具宜交错布置，灯具布置满足生产和保障饲养管理（饲喂、采食、接产等）所需光照度，分组设开关，亦可依据光照度去控制 LED 灯的亮度。

（二）猪舍噪声

随着现代养猪生产规模的日益扩大和生产机械化程度的提高，噪声对生猪生产的危害也越来越严重。猪场噪声既有外界环境传入，也有舍内机械如风机、喂料机、清粪机等运转产生，还有人工管理操作和猪自身产生，如人清扫圈舍、加料，猪采食、走动、哼叫等。猪舍噪声不宜超过 80dB［《畜禽场环境质量标准》（NY/T 388—1999）］。为了减少猪舍噪声，猪场除早期的正确选址，避免外界干扰外，还应选择和使用性能优良、噪声小的机械设备，或者对设备进行减震降噪处理；改善饲养管理，如合理的饲养密度和组群大小，以适当减少争斗，改进喂料系统以减少猪期盼食物的鸣叫等。

五、猪舍环境控制发展现状和趋势

目前，猪舍环境控制系统逐步由粗放式向自动化、精准化、智能化发展。猪舍环境控制逻辑已由传统的单纯利用猪舍内温度控制通风设备，逐渐发展为综合利用舍内温度、相对湿度、有害气体、压差等自动控制通风、降温、供暖设备，对阈值的设定范围也更加科学精确，并可以根据季节变化和猪的饲养阶段自动转换到对应的控制逻辑。

物联网技术也逐渐在猪舍环境控制中利用，借助于物联网先进的传感技术、传输技术和信息处理技术对猪饲养环境进行可靠的数据采集、传输和智能处理，达到对饲养环境的综合控制，减少传统养殖对人力资源的依赖，保持猪群健康、提高生产力。这种技术的应用优势在于可以及时采集上传舍内环境数据，在电脑和手机终端对设备进行远程监控，便于及时发现异常、智能报警，降低运行异常的风险，大大提升管理效率；可以根据采集的数据及时调整环境控制系统参数和阈值设定；也可根据设备运行在线状态有针对性地维护与保养，提高设备的利用率。

随着自动化和物联网技术的快速发展，猪舍环境控制系统应根据猪的生长阶段和当地气候，合理地对猪舍通风、供暖、降温、光照控制系统进行整体设计、安装和调控，提高整个环境控制系统的运行效果和效率，有效降低设备投资和运行的成本。

第二章
猪饲养温热环境

第一节 猪舍温热环境对猪的影响

一、猪舍温热环境概述

（一）温热环境的影响因素

温热环境是影响猪体健康和生产性能的最基本因素，在猪活动区域提供适宜的温热环境条件，能有效改善动物的福利水平，并提高生产性能。猪舍温热环境主要由舍内温度、湿度和通风三者相互作用而形成，受猪体重、群体大小、猪体健康状况、猪舍地板类型、空气流速、猪舍温度和建筑隔热性能等多种因素的影响。

（二）温热环境对猪产热和散热的影响

在实际规模化养殖生产中，由于饲养管理水平、气候条件等因素的限制，猪舍温度可能未能控制在猪“舒适区”范围内，体温调节机制无法维持体温的恒定。图 2-1 为环境温度对猪的影响示意：

以产热和散热平衡的调节点可将环境温度划分为三个区域，即舒适区（等热区）、高温区、低温区。当猪舍温度低于舒适区范围时，猪可通过颤抖和其他机制来增加产热进行调节，但当环境温度低于下限临界温度（LCT）时，猪自身不能进一步增加产热，随着深部体温的降低，体内代谢速率降低，产热进一步减少；当猪舍温度高于舒适区范围，显热损失（辐射、对流、传导散热）减少，若环境温度高于上限临界温度（UCT）时，动物不能进一步增加蒸发散热，结果导致体内产热和散热不平衡，进而影响猪群的生长性能。由此可见，当猪舍温度高于LCT或低于UCT时，都将调动猪的体温调节机制以维持体温恒定，此时无论温度的高或低，都是一种应激，猪体内的各种生理机制必须做出相应的反应，进而影响猪生长和能量利用效率。

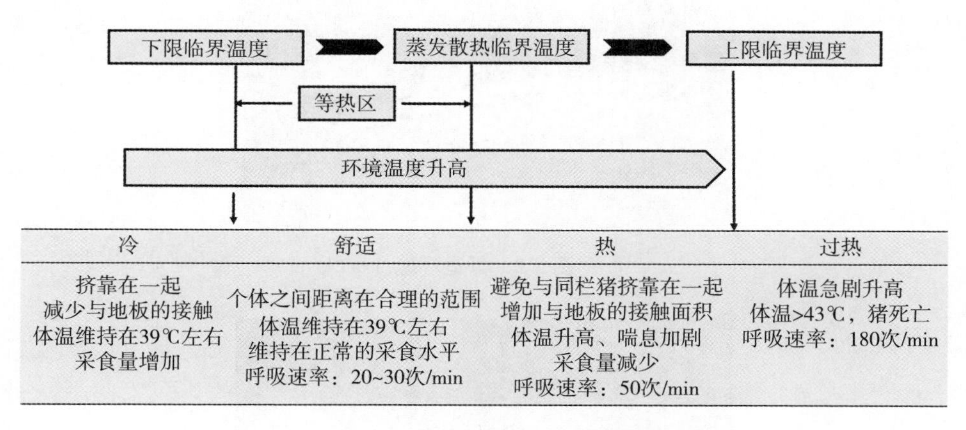

图 2-1　环境温度对猪的影响

（三）温热环境对猪能量代谢和行为的影响

温热环境占动物生产应激原的比重最大，动物利用能量消除或降低急性或慢性应激反应，能量代谢与平衡改变，维持需要增加，生产性能因此而降低。低于LCT环境条件下，猪必须提高

产热以维持体温，维持需要也相应增加。与等热区（25℃）相比，21kg 体重猪在 15℃环境条件下，前 6d 内维持能量需要增加了 58kJ/kg$^{0.75}$，蛋白质贮存的能量下降 49kJ/kg$^{0.75}$，脂肪沉积降低 15%，但在 8d 后生长猪适应环境时与 25℃环境条件间无显著差别。在舒适或较舒适的温度条件下，猪会均匀躺卧（图 2-2、图 2-3），很少相互叠压在一起；猪受冷时，猪群通过相互挤靠（图 2-4），减少散热以适应冷环境；感觉热时，猪会相互离散，玩水或爬在如漏缝地板和潮湿地面等这些凉快的地方（图 2-5），以适应热环境。

图 2-2　舒适环境

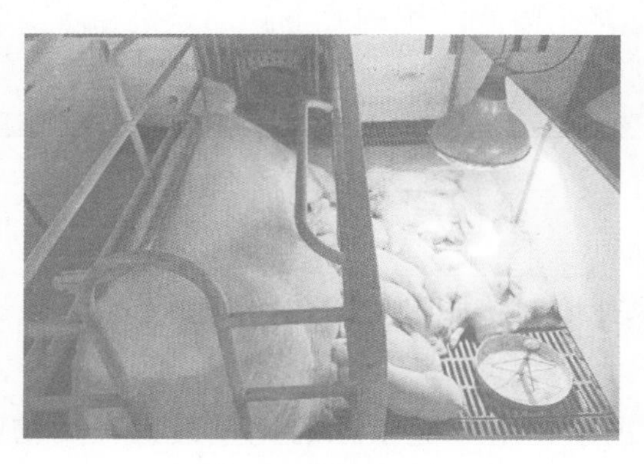

图 2-3　较舒适环境

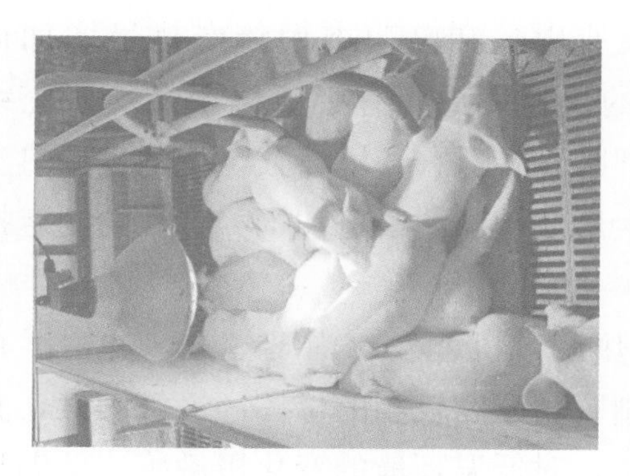
图 2-4　较冷环境

图 2-5　较热环境

二、猪舍温热环境因子对猪的影响

（一）空气温度

最重要、很容易测定、唯一实际可控的温热环境因子就是空气温度，猪舍空气温度高低决定猪体通过传导、蒸发或以辐射的方式与周围环境进行热交换的水平。猪舍温度是影响猪群生产性能的首要温热因子，猪的生产潜力只有在最适的温度范围内才能得到最大限度的发挥。尽管猪可以在一个较宽的温度范围内通过调节体核温度的相对恒定而正常生存，但养猪场关心的是如何给猪创造一个不冷也不热的环境（热中性区/等热区），以达到最佳的生产性能和经济效益。幼龄仔猪体热调节机能发育不完善，同时体型较小，有相对较大的体表散热面积，对低温更敏感，其等热区较窄（3～5℃），下限临界温度较高。随着年龄和体重的增长，下限临界温度降低，等热区增宽（5～10℃）。不同季节或地域猪舍环境控制的目标温度只是等热区内的某一温度值，北方冬季猪舍供暖可定下限临界温度为目标温度，而南方夏季猪舍环境控制系统目标温度可设为上限临界温度。

与20年前相比，目前快速生长和高瘦肉型猪产热量增加近20%，因此随着猪育种技术的快速发展，有必要根据最新研究结果，调整更新不同生长和生理阶段猪适宜环境参数，特别是温热参数，为猪舍环境工程设计、生产环境控制策略和饲养方案的制定提供支撑。

1. 仔猪舍 仔猪由于体热调节机能发育尚不健全，体内贮存少，相对体表面积大，以及刚脱离温度较高的母体环境等因素，其临界温度较高，等热区范围窄，对低温环境的变化极敏感。低温环境对仔猪的健康、采食量、饲料利用率、生长和增重等方面均有不利影响。由于初生仔猪体温调节机制发育不完善，当猪舍内温度过低或仔猪长期处于低温环境中时，超过猪代谢产热的最大限度，寒冷会不可逆地降低新生仔猪的体温，结果造成冷应激，机体外周血管收缩，引发局部冻伤，呼吸道、消化道抵抗力降低，引发气管炎、胃肠炎等；低温高湿环境还常常造成风湿、关节炎等，严重危害仔猪健康。因胎盘屏障的作用，胎盘不能将母源抗体运送给胎儿，因此采食初乳是新生仔猪获得被动免疫的重要途径。然而，寒冷环境中的仔猪需大量时间通过行为来调节体温，吸奶调节因而减少，导致初乳摄取量减少，而初乳中含有从血液中移行来的母源抗体，这些抗体是高分子蛋白质，大部分能通过肠壁进入仔猪血液，初乳摄入量的减少意味仔猪体内母源抗体的减少，其抵抗病原菌能力下降，容易引发疾病。

仔猪生长发育快，基础代谢旺盛，但消化器官不发达，消化腺机能不完善，对寒冷抵抗力差。在自由采食情况下，分别将断奶仔猪饲养于13℃或23℃的环境中，3周内处于冷应激的仔猪能够维持一定的生长速度，但其采食量增加了20%，猪用于生长的能量有限，饲料利用率显著降低；与26℃相比，15℃环境条件下28日龄断奶仔猪对粗蛋白质、干物质和总能的表观消化率明显降低，不同类型骨骼肌中氧化型肌纤维的表达增加，抗氧化能力增强。在相同营养水平条件下，哺乳仔猪在舍温 8～27℃时表现活泼，采食与增重快；舍温在 4～10℃时，仔猪行动呆滞、采食量增加、增重较慢。随着猪舍温度的降低（28℃、24℃、20℃），早期断奶仔猪产热呈线性上升，与 28℃相比，猪在 20℃时产热增加 11～12.5kJ/（d・$kg^{0.75}$），因此对于早期断奶仔猪，LCT 的确定对于通过精确调控猪舍小环境，提高饲料能量利用率具有重要的指导作用。健康仔猪肠道微生物与环境中的微生物处于动态平衡状态，而低温环境会导致新生仔猪对机体自身肠道微生物菌群敏感性发生改变，菌群平衡的破坏会导致胃肠机能障碍，从而极易引起腹泻。猪舍内温度升高 2℃后，30 日龄断奶仔猪腹泻率极显著降低，日增重和日采食量显著提高。因此，在规模化养猪生产中，首先应合理调控新生仔猪和断奶仔猪猪舍环境温度。

2. 生长育肥猪舍　虽然生长育肥猪体温调节机制逐渐发育完善，皮下脂肪层增厚，相对体表面积较小，等热区范围相对宽泛，对猪舍环境温度的变化具有一定的适应性，但由于猪无汗腺，无法通过出汗散热，且较厚的皮下脂肪也不利于散热，导致其散热方式单一，易产生热应激；严重时猪呼吸道、消化道黏膜抵抗力明显降低，肝脏解毒功能减弱，体热平衡被破坏，体温升高，猪出现昏迷，这种病理现象叫热射病。高温情况下，猪消化道蠕动、消化液分泌、肝糖原生成等均受到破坏，消化酶活性降低，消化系统消化吸收营养物质的能力降低，导致猪食欲不振、消化不良；呼吸深度变浅，频率加快，呼吸系统功能降低；随着环境空气温度的升高，猪呼吸频率增加，而脉搏、采食量随之降低。猪正常呼吸频率为 20～30 次/min，在热应激的情况下，猪开始喘息以增加散热，此时达到蒸发散热的临界温度，猪呼吸频率增加到 50～60 次/min，随着温度的升高，猪的呼吸频率加快至 180 次/min，甚至是 200 次/min。另外，热应激还可能损伤猪的循环系统、泌尿系统、神经系统和免疫系统，导致内分泌机能紊乱。

(1) 低温对生长育肥猪的影响　环境温度是影响生长猪采食量、饲料利用率和生长速度的重要因素之一，在不同的环境温度条件下，猪自由采食量和能量的利用有较大差别。环境温度显著影响小猪和中猪摄入能量、沉积净能、沉积蛋白质能、总产热量和粪能，中猪沉积脂肪能和能量转化率受环境温度的影响也显著。环境温度超出舒适环境上下限时，猪会调节自身产热量和散热量。环境温度较低时，生长育肥猪通过增加采食量、加快代谢速率来维持体温恒定，因而从饲料中获取的用于生长的能量相对减少，增重减缓；当环境温度低于适宜温度时，每降低 1℃，猪采食量增加 14～39g/d，生长猪日增重减少 10～12g。当猪舍温度低于 LCT，平均采食量增加 25g/(d・℃) 或代谢能摄入量增加 328kJ/(d・℃)（表 2-1），结果造成出栏时间推迟、消耗更多饲料，生产成本增加。

表 2-1　低温对生长猪采食量的影响

体重 (kg)	温度 (℃)	日粮能量浓度 (MJ/kg)	采食增加量 [g/(d・℃)]	摄入能增加量 [kJ/(d・℃)]	资料来源
8～30	12、28	13.34	14	187	Dividich 等，1987
24～59	10、22.5	13.84	18	241	Stahly 等，1979
30～60	12、19	13.24	29	383	Quiniou 等，2001
43～86	5、20	12.70	21	267	Nienaber 等，1987
30～90	12、28	13.34	27	360	Lefaucheur 等，1991
60～90	12、19	13.24	22	288	Quiniou 等，2001

(2) 高温对生长育肥猪的影响　热应激条件下猪散热量受限，采食量降低，代谢产热减少，猪生产性能也降低。当环境温度升高时，平均每升高 1℃，采食量减少 73g/d，或代谢能采食量减少 985kJ/(d・℃)（表 2-2）。高温热应激通过改变猪内分泌，导致机

体甲状腺素、肾上腺素等调节物质代谢的激素分泌紊乱，从而引起机体糖类、脂质和蛋白质代谢水平降低，继而减缓猪的生长速度；高温引起的摄食中枢兴奋性降低，致使采食量下降，养分摄入量减少，是猪增重减缓的主要原因。高温和低温都会降低饲料转化率，生长猪在10℃的料重比（3.52）和30℃的料重比（4.59）相近，但环境温度在10℃增重（699g/d）较30℃增重（438g/d）高60%，高温和低温时饲料利用率接近，但从经济性来看，高温的效益比低温更低，因为高温环境下猪的生长速度更低，出栏时间相对更长。因此，除保育猪转群后需要较高的舍温外，随着生长育肥猪重体的增加，预防热应激更为重要。

表2-2　高温对生长猪采食量的影响

体重（kg）	温度（℃）	日粮能量浓度（MJ/kg）	采食减少量［g/（d·℃）］	摄入能减少量［kJ/（d·℃）］	资料来源
15～30	23～35	14.20	38	521	Collin等，2001
21～33	23、33	13.60	45	656	Collin等，2001
24～65	23、30	13.43	68	914	Le Bellego等，2002
27～65	22、29	13.88	78	1 077	Le Bellego等，2002
30～60	22、29	13.24	45	600	Quiniou等，2001
60～90	22、29	13.24	128	1 700	Quiniou等，2001
65～100	22、29	13.88	78	1 077	Le Bellego等，2002
81～110	22、30	13.15	144	1 895	Katsumata和Saitoh，1996

3. 母猪舍　母猪的繁殖性能直接决定了猪场的经济效益，除品种、营养、疾病等因素外，猪舍温热环境是影响母猪繁殖性能的重要因素之一，其中高温热应激对母猪生理健康、繁殖性能、行为和福利等影响尤为显著。

（1）高温对母猪生理和繁殖性能的影响　由于自身体热调节能

力差，当母猪产生热应激时，通过减少采食量、增加呼吸频率、呼吸深度变浅、改变皮肤血流量和激素水平等一系列生理反应来调节体热平衡，以适应高温环境。随着环境温度的升高，后备母猪的体表温度和呼吸频率显著升高，血清繁殖激素呈先增加后降低的趋势，高温环境下后备母猪的初情日龄延长；环境温度过高或者过低时，母猪机体的应激水平增加，抗氧化能力显著降低。热应激条件下猪产热量受限，哺乳母猪采食量下降，泌乳量降低，乳猪生长速度因而受到影响；与 25℃相比，29℃的高温环境下泌乳母猪的采食量和采食时间分别减少 46%、41%；高温环境（24～30℃）条件下母猪的呼吸频率是适温环境（18～20℃）的 2 倍，高温环境母猪呼吸频率可超过 40 次/min，直肠温度也显著升高；妊娠母猪在热应激温湿度环境条件下（25～35℃，60%～90%）与舒适环境（15～22℃，60%～70%）相比，直肠温度、皮肤温度和呼吸频率均升高，活动量减少，母猪体脂肪和肌肉的组成发生改变。热应激时，母猪通过促进促肾上腺皮质激素的分泌来对抗热应激，而此激素的分泌会抑制促卵泡素和促黄体素的分泌，导致母猪孕酮、黄体分泌不足，出现胚胎早期死亡和流产。产前母猪处于 33.5℃的高温环境中，其皮质醇和促肾上腺皮质激素的分泌比 21.1℃环境时分别提高了 29%和 17%。

热应激对母猪生产性能的不利影响主要体现在受胎率、胚胎发育情况、仔猪成活率、泌乳量、母猪体重损失、断奶至发情间隔等，且存在生理阶段和胎次间差异。高温环境中母猪受胎率降低的主要原因可能是机体内分泌失调，卵母细胞发育能力降低，导致排卵数和卵子质量下降。环境温度为 10.7～33.9℃时，温度每升高 1℃，母猪受胎率下降 1.8%。热应激对胚胎发育和胚胎存活率的不利影响取决于高温环境的持续时间和严重程度。将配种后 1～15d 和 15～30d 的初产母猪分别饲养于高温环境控制舱（38.9℃持续 17h、32.2℃持续 7h），与 23.4℃常温相比，高温舱中的初产母猪受胎率和胚胎存活率显著降低，有少数流产甚至死亡，且在配种后1～15d对高温环境更为敏感；母猪在配种后8～16d经历高温热应激时，胚胎存活数显著减少，这表明配种后前3周是胚胎对高温环境最为敏感的时期。热应激对产仔数的影响存在生理阶段差异，在夏季15～25℃环境温度下，产前4d内高温环境显著降低活仔数，环境温度每升高1℃，窝产仔数减少0.03头；分娩后12d，高温显著降低仔猪存活率，温度每升高1℃，窝活仔数减少0.02头。热应激时母猪由于呼吸频率和外周血液循环加强及采食量的减少，导致乳腺合成乳汁需要的养分减少，母猪泌乳量下降，机体失重增加，与21℃相比，32℃高温环境下母猪失重显著增加、泌乳量降低30%；泌乳量的减少直接影响断奶仔猪的生长发育，24～30℃高温环境下哺乳仔猪的断奶重比18～20℃适温时降低了0.5kg；与18℃相比，27℃的高温环境显著提高了6～21日龄哺乳仔猪死亡数（0.2头、0.7头）。高温可还导致空怀母猪发情延迟，空怀时间增加，有9%的分娩母猪在夏季高温出现发情延迟现象；35℃时母猪断奶发情间隔平均为9d，显著长于30℃时的6d。

（2）高温对母猪行为和福利的影响　高温环境亦对母猪的行为及福利产生不利影响。热应激时母猪热舒适性较差，姿态、哺乳等行为变化频繁，福利水平因而降低。与21℃相比，29℃高温环境中母猪站立时间减少2.1%、每次哺乳时长减少0.8min、哺乳频率增加3.1次；25℃环境中母猪分娩前16h和分娩后24h的侧卧时间比20℃时分别增加14.2%和11.0%，这是因为侧卧时猪体表面与地面接触面积更大，有利于机体传导散热。生产中母猪受冷应激的概率远低于热应激，母猪冷应激时散热量增加，通过采食更多的饲料增加产热量，以维持体温恒定（38.7～39.8℃，平均为39.2℃），地板温度低于9℃时，母猪采食量增加，维持需要相应增加，体增重贮存用能占比减少。

（二）空气湿度

空气湿度（humidity）是影响猪生长与生产性能的另一重要因素。环境湿度往往与温度协同起作用，高温高湿、低温高湿都会对猪体健康和生产性能产生不利影响。温暖潮湿是病原微生物生长繁殖的理想环境，因此猪舍干燥凉爽对养猪生产较湿热环境有更大的益处。由于猪汗腺不发达，热性喘息散热能力差，因此空气湿度变化对其热平衡影响不大，但高湿环境可造成皮肤或呼吸散热困难，结果会加重高温对动物的影响。猪舍中的空气湿度会影响体表水分蒸发、干扰猪自身的体热调节，阻碍散热。由于猪饮水浪费、粪尿排泄，以及母猪玩水等原因，在实际养猪生产环境下猪舍中相对湿度较高，所以猪舍除湿是必要的。

猪舍内湿度对猪体温调节的影响与舍内温度有关，在低温环境中，潮湿空气的导热性强，猪可感散热增加；由于热空气较冷空气含有更多的水分，空气温度每增加 7.78℃，其系水力增加 1 倍。因此，冬季为了维持猪舍内干燥，需要增加舍外干燥冷空气以降低湿度，但冷风又会造成猪冷应激，生产性能因此降低。体重 61.7kg 猪在不同的湿度环境下（50%、65%、80%），随着畜舍中湿度增加，猪呼吸频率和直肠温度发生快速升高的拐点温度显著前移，畜舍中湿度为 80%时，猪的直肠温度与湿度 50%相差 2℃。舍温为 22.0℃时湿度对猪的增重无显著影响，但在 27.5℃和 33.0℃时，高湿度显著降低了猪的增重；当猪舍温度为 30℃时，湿度增加 18%相当于温度增加 1℃。当舍内温度适宜时，相对湿度过高或过低对猪的影响不大；但高湿度易造成凝露，并为病原微生物及寄生虫的滋生与繁殖提供了有利条件，易诱发疾病；湿度过低又会造成舍内灰尘大量漂浮，对猪的呼吸系统和抗病力不利，40%～60%相对湿度可抑制畜舍气载微生物的繁殖。

（三）气流与热辐射

猪舍内空气流动是由于舍内外存在的气压差而形成的。气流与猪体表温差、风速、猪体与气流接触面积均影响猪的对流散热。作为第二重要的猪舍温热环境因子，风速还直接影响猪的蒸发散热，并与空气温度共同决定猪群散热量和水分散失程度。生产中采用这一原理为猪舍安装风扇防暑降温来缓减热应激，风速越大，对流散热越多；当舍内环境温度高于猪适宜温度上限时，增大风速可明显改善猪舍温热环境，减缓热应激，对猪的健康生产有良好作用。环境温度超过等热区时，随着温度升高，妊娠母猪血清皮质醇浓度显著升高，增加风速则显著降低血清皮质醇浓度；舍内环境温度29℃时，风速由 0.0～0.5m/s 增加到 0.5～1.0m/s，妊娠母猪血清皮质醇浓度下降 14.8%。寒冷季节要减少气流，满足猪舍最小通风，以保证氧气供应和除湿，维持空气质量，避免冷风吹猪而引发的对流散热；否则散热过多，不仅容易引发猪感冒，而且增加能量消耗，降低生产性能和健康水平。在冬季低温时，由于气流增强猪体散热，猪会感到寒冷，机体为维持体温而增加消耗，结果降低猪增重；炎热夏季，加大风速保证最大通风量，以预防热应激；温暖的春、秋季节通风量介于上述两季之间。在高密度饲养条件下，通风模式的合理选择和风速的科学控制，一方面可改善猪舍环境和动物福利；另一方面，能促进猪生长性能的发挥，进而提升养殖场经济效益。

热辐射是指温度高于绝对零度（－273℃）的物体之间以电磁波的形式进行的热交换。在考虑猪温热舒适性的时候，热辐射往往因难以估测而被忽略。但事实上，许多情况下猪产热或散热的50%以上是热辐射造成的，对猪舒适与否的贡献很大。影响辐射热传导的因素主要有：直接与猪舍内所有其他物体进行热交换的猪体

的有效辐射面积、猪和周围其他物体表面的热反射特性、猪体表与猪舍其他物体表面的温差。

如果空气温度和墙壁温度相近时，新生仔猪的对流散热占总非蒸发散热40%～50%，墙面温度低于空气温度时，辐射散热所占比例增加（表2-3）。猪舍保温隔热非常重要，除减少热损失外，通过与墙壁和屋顶部的辐射热交换，猪会损失或获得热量外，猪也会通过躺在不隔热的地板上直接将多余的热量散失。猪自身也在持续辐射产热，饲养密度越大，群养猪相互之间的辐射热占比越大，因此在高密度饲养环境条件下，环境温度不宜太高。

表2-3　哺乳仔猪（体重2kg）辐射与对流散热预测值

空气温度（℃）	墙面有效温度（℃）	辐射热损失（W）	对流热损失（W）	总非蒸发散热（W）	辐射散热占比（%）	对流散热占比（%）
29.8	29.3	5.67	3.90	9.57	59	41
30.1	19.2	10.60	3.21	13.80	77	23
20.3	19.4	8.51	8.51	17.01	50	50
20.1	9.7	11.83	8.09	19.92	59	41

资料来源：Monteith和Mount，1974。

第二节　国内外猪饲养温热环境参数

一、猪舍温热环境适宜参数的影响因素

（一）猪体重对下限临界温度的影响

与大型反刍动物相比，猪因被毛稀少而隔热性能差，且能量利用率高、代谢产热少，其LCT较高。LCT与猪体重、生长阶段和饲养密度有关（表2-4）。随着猪体重增加，临界温度降低，这主要是因为体重大的猪皮下脂肪较厚，隔热性能更好；而乳猪表皮薄、

被毛稀、脂肪少，刚出生时环境温度需维持在30～35℃，3d后环境舒适温度降到28～33℃，到4周环境温度在24～26℃更适宜。母猪和乳猪的上限临界温度差异很大，乳猪需要对猪舍整体供暖，但母猪就会因此受到热应激，反之小猪会受冷应激。生产中考虑节能等原因，在不造成母猪热应激的前提下，采取局部加温的方式满足乳猪对高温环境的需求。

表2-4　群养猪环境下限临界温度（LCT）和热中性区（TNZ）估测值

生长阶段	体重（kg）	LCT（℃）	TNZ（℃）	资料来源
乳猪	5	30～35	—	Clark，1981
保育猪	20	10～31	—	Clark，1981
生长猪	35	15	—	Monteith和Mount，1974
生长猪	50	—	16～21	Monteith和Mount，1974
生长猪	60	8～28	—	Clark，1981
生长育肥猪	50～90	—	13～18	Monteith和Mount，1974
育肥猪	90～120	—	10～16	Monteith和Mount，1974
育肥猪	100	2～25	—	Clark，1981

（二）饲喂水平和饲养方式对下限临界温度的影响

此外LCT也受饲喂水平和饲养方式的影响（表2-5），后备母猪因管理限饲，较同体重育肥猪的LCT升高；与满足维持能量需要（维持动物机体能量稳定的代谢能需要量）的采食量相比，正常情况下，猪采食2～4倍维持水平，其产热率较高，LCT相应降低；单位代谢体重每天多采食代谢能418.6kJ，LCT下降幅度分别为初生仔猪1℃或2℃、生长育肥猪4℃或5℃、母猪5℃或6℃。群养猪在寒冷的环境中相互挤到一起，降低暴露在外的散热总表面积，从而较单独饲养猪可降低热损失，LCT相对较低。

表 2-5　不同饲喂水平和饲养方式猪舍环境下限临界温度（LCT）的估测值

生长阶段	体重（kg）	单独饲养（℃）				群养（℃）			
		饲喂水平（维持需要倍数）				饲喂水平（维持需要倍数）			
		1	2	3	4	1	2	3	4
乳猪	1	30～32 (30)	27～31 (28)	25～29 (25)	22～27 (23)	27～31 (29)	23～29 (26)	20～26 (23)	17～24 (20)
乳猪	5	27～30 (28)	24～28 (26)	21～26 (23)	18～23 (20)	24～28 (27)	20～25 (24)	16～22 (20)	12～20 (17)
保育猪	10	26～29 (28)	23～27 (25)	19～24 (21)	16～21 (18)	23～27 (26)	18～24 (22)	14～21 (19)	9～17 (15)
保育猪	20	26～29 (28)	22～26 (24)	17～22 (20)	12～18 (15)	23～26 (26)	17～21 (21)	11～17 (17)	4～12 (12)
生长猪	40	24～27 (26)	20～23 (22)	14～19 (17)	9～15 (13)	20～24 (24)	13～19 (19)	7～14 (14)	0～8 (8)
生长猪	60	23～26 (25)	17～22 (20)	12～18 (16)	7～14 (11)	18～23 (23)	12～17 (17)	5～12 (12)	−2～5 (7)
生长猪	80	22～25 (24)	16～21 (20)	11～17 (15)	6～13 (11)	17～22 (22)	10～16 (16)	4～11 (11)	−2～6 (6)
育肥猪	100	21～24 (23)	16～21 (19)	11～17 (15)	6～13 (11)	16～21 (21)	10～16 (16)	4～11 (11)	−2～6 (6)
母猪	140	19～23 (22)	14～19 (17)	8～14 (13)	2～10 (8)	15～20 (20)	8～14 (14)	2～9 (9)	−5～3 (3)
母猪	180	18～22 (21)	12～18 (16)	6～13 (11)	0～8 (6)	14～19 (19)	5～13 (13)	−1～7 (7)	−8～1 (1)

注：括号内数值为铸铁漏缝地板猪舍（地面为水泥地面 LCT 则相应升高，有垫料地面条件下 LCT 相应降低）。

资料来源：NRC，1981。

（三）猪舍建筑隔热性能对上限临界温度的影响

猪舍内墙表面温度及其与猪舍空气温度差决定辐射和对流散失的热量，如果猪舍内墙表面温度低于空气温度，动物辐射散热增加，环境临界温度会相应增加；但对于隔热性能很好的猪舍，墙面辐射温度与空气温度接近，辐射散热相对较低。此外，猪舍地板、垫料类型及地板潮湿程度，均会影响动物传导散热量，进而改变上限临界温度（表 2-6）。

（四）通风对不同地板类型猪舍猪适宜温度的影响

从舒适环境高采食水平到应激环境低采食量，其营养与环境间不同的组合效应，对环境下限临界温度影响很大；不同体重猪的变异范围也不同，主要原因与猪体重、猪舍地板类型（漏缝地板、干或湿垫料、水泥实心地面）、群养头数、风速和辐射（冬季或夏季）有关；群体大小、采食量、行为和姿势都显著影响猪的产热量和临界温度；能量采食量增加，下限临界温度降低；地板类型影响动物通过传导散失的热量，与塑料或木质地板相比，在水泥或金属漏缝地板猪舍饲养的猪传导散热会加倍，传导散热虽然只占动物热损失的 10%～15%，但因其与动物的舒适性有关，从而会影响动物的生产性能；与隔热性能很好的地板相比，水泥漏缝地板因易造成较多的热损失，LCT 相对要高 3℃或 4℃，如果地板潮湿，LCT 还会进一步升高。猪舍风速加大时会影响低温环境条件下动物体表层隔热效果，从而会提高对流散热，临界温度升高，猪最佳生产所需适宜温度因此改变（表 2-7）。不论何种地面，相同体重和生长阶段的猪，其猪舍环境适宜温度在通风时较不通风时高，而在潮湿水泥实心地面饲养猪的适宜温度较深层垫料地面饲养条件下高很多。

表 2-6 不同饲喂水平和饲养方式猪舍环境上限临界温度（UCT）的估测值

生长阶段	体重（kg）	饲养方式	干燥环境（℃）				潮湿环境（℃）			
			饲喂水平（维持需要倍数）				饲喂水平（维持需要倍数）			
			1	2	3	4	1	2	3	4
乳猪	1	单独饲养	34～37（35）	32～36（33）	30～36（31）	28～35（29）	37～38（37）	37～38（37）	36～37（36）	35～37（35）
		群养	33～35（34）	30～34（32）	27～32（29）	24～30（27）	37	36～37（36）	35～36（36）	34～35（35）
乳猪	5	单独饲养	34～37（34）	31～35（32）	29～34（30）	26～33（28）	37～38（37）	36～37（36）	35～36（36）	35～36（35）
		群养	32～34（34）	29～32（31）	26～30（29）	23～28（26）	37	36	35	34
保育猪	10	单独饲养	33～36（34）	31～35（32）	28～34（30）	26～32（27）	37～38（37）	36～37（36）	35～36（35）	34～36（35）
		群养	32～34（33）	29～32（31）	26～29（28）	22～27（26）	37	35～36（36）	34～35（35）	33～34（34）
保育猪	20	单独饲养	34～36（35）	31～35（32）	28～33（29）	24～31（26）	37～38（37）	36～37（36）	35～37（35）	34～35（34）
		群养	33～34（34）	29～31（31）	25～28（28）	20～24（24）	37	35～36（36）	34	32～33（33）
生长猪	40	单独饲养	34～36（34）	30～34（32）	27～32（29）	23～30（26）	37	36	34～35（35）	33～34（34）
		群养	32～34（34）	28～30（30）	24～27（27）	19～24（24）	36～37（37）	35	33～34（34）	32
生长猪	60	单独饲养	33～35（34）	30～33（31）	27～31（28）	23～29（26）	37	36	34～35（35）	33～34（33）
		群养	32～33（33）	27～30（30）	23～27（27）	19～24（24）	36	35	33～34（34）	32
育肥猪	80	单独饲养	32～34（34）	30～33（31）	27～31（29）	23～29（26）	37	35～36（36）	35～36（35）	33～34（33）
		群养	31～33（33）	27～30（30）	23～27（27）	20～24（24）	36	35	33～34（34）	32
育肥猪	100	单独饲养	32～35（33）	30～33（31）	27～31（29）	24～29（26）	36～37（37）	35～36（36）	34～35（35）	33～34（34）
		群养	31～33（33）	27～30（30）	24～27（27）	20～24（24）	36	35	33～34（34）	32～33（33）
母猪	140	单独饲养	32～34（33）	29～32（30）	26～30（28）	22～28（25）	36～37（36）	35～36（35）	34～35（34）	32～34（33）

注：括号内数值为铸铁漏缝地板猪舍（地面为水泥地面 UCT 则相应升高，有垫料地面条件下 UCT 相应降低）。

资料来源：NRC，1981。

表 2-7 通风状况和地板类型对不同体重猪适宜温度的影响（℃）
（生长猪以自由采食为基础）

生长阶段	深层垫料		潮湿实心水泥地面	
	不通风	适度通风	不通风	适度通风
哺乳仔猪				
<1.8kg	>32	>38	—	—
<5.4kg	29	36	—	—
<11.3kg	21	26	—	—
生长育肥猪				
9～16kg	18	23	—	38
16～29kg	16	20	32	38
29～59kg	14	18	29	36
59～127kg	13	17	26	31
妊娠母猪				
单栏限饲	14	17	28	34
群养	12	16	24	29
哺乳母猪	13	17	26	31
公猪	14	18	28	34

资料来源：Colin 等，2006。

（五）猪舍环境适宜温度的影响因素

受冷应激时，在环境温度稍低于 LCT 的小范围内，为满足补偿生长需要，猪自由采食时的能量摄入速度若超过为满足产热需要的额外能量增加率，猪对能量的利用效率有可能会较 TNZ 有所改善；而在热应激时，猪采食量下降，从而减少能量摄入量，能量利用率因此降低。冷应激采食量增加，养猪生产中可以适当降低日粮蛋白质含量以达到更经济的目的。猪受热应激时，为了保证营养物质的绝对进食量，有必要提高日粮中蛋白质、维生素和矿物质水平。

猪在疾病和断奶时、猪舍地板变湿或保温性能差、饲养密度增加、饲料能量低或适口性差、限饲或采食量低、断奶到配种后 21d 等应激关键时期，LCT 和 UCT 均会发生变化，最适温度因此会升高，如将猪从水泥实心地面或从铺有稻草地面猪舍，转到水泥漏缝地板猪舍前后，生长猪饲养环境最适温度从 20℃增加到 25℃；生产中猪群在周转后，猪舍适宜温度会反弹，出现暂时升高，而非持续降低。由于受上述诸多变量因子的影响，所以很难确定不同生长阶段猪饲养在不同地板类型猪舍环境的适宜温度，只能是一个合适的范围（表 2-8）。

表 2-8　不同地板条件下猪的适宜环境温度（℃）

体重（kg）	不同地板类型			
	稻草垫料地面	水泥地面	金属网床	漏缝地板
5	27～30	28～31	29～32	30～32
10	20～24	22～26	24～28	25～28
20	15～23	16～24	19～26	19～25
30	13～23	14～24	18～25	17～25
90	11～22	12～23	17～25	15～24

资料来源：Marketing 等，2017。

二、国内外猪舍温热环境参数研究进展

（一）国内猪舍温热环境参数

我国于 1999 年首次制定的《畜禽场环境质量标准》（NY/T 388—1999），适用于畜禽场的环境质量控制、监测、监督、管理、建设项目的评价及畜禽场环境质量的评估，规定了包括猪舍在内的畜禽舍生态环境质量，其中猪舍温热环境参数规定如表 2-9 所示，仅列出仔猪和成年猪舍环境温热参数，猪群阶段划分简单，且未推荐母猪舍和公猪舍温热环境参数。

表 2-9 猪舍温热环境参数

项目	单位	仔猪	成猪
温度	℃	27～32	11～17
湿度（相对）	%	80	80
风速	m/s	0.4	1.0

针对规模猪场养殖环境参数标准，现行的 2008 年制定的《规模猪场环境参数及环境管理》（GB/T 17824.3—2008），替代 1999 年制定的《中、小型集约化养猪场环境参数及环境管理》（GB/T 17824.4—1999）。现行标准规定了规模猪场的场区环境和猪舍环境的相关参数及管理要求，适用于规模猪场的环境卫生管理。其中对于猪舍温热环境方面，该标准详细规定了不同猪舍类别空气温度、相对湿度的舒适范围、临界值，以及猪舍通风量和风速，具体参数见表 2-10 和表 2-11。此标准虽然推荐了不同猪舍空气温度与相对湿度的舒适范围与高、低临界值，但推荐参数较为宽泛，生产中部分猪舍（如生长育肥舍）饲养的不同体重阶段猪对猪舍舒适温度和适宜风速的实际需求差异较大。

表 2-10 猪舍空气温度和相对湿度

猪舍类别	空气温度（℃）			相对湿度（%）		
	舒适范围	高临界	低临界	舒适范围	高临界	低临界
种公猪舍	15～20	25	13	60～70	85	50
空怀妊娠母猪舍	15～20	27	13	60～70	85	50
哺乳母猪舍	18～22	27	16	60～70	80	50
哺乳仔猪保温箱	28～32	35	27	60～70	80	50
保育猪舍	20～25	28	16	60～70	80	50
生长育肥猪舍	15～23	27	13	60～75	80	50

注：1. 表中哺乳仔猪保温箱的温度是仔猪 1 周龄以内的临界范围，2～4 周龄时的下限温度可降至 26～24℃。表中其他数据均指猪床上 0.7m 处的温度和湿度。

2. 表中高、低临界值指生产临界范围，过高或过低都会影响猪的生产性能和健康状况。

3. 在密闭式有采暖设备的猪舍，其适宜的相对湿度比上述数值要低 5%～8%。

表 2-11 猪舍通风量和风速

猪舍类别	通风量［m³/（h·kg）］			风速（m/s）	
	冬季	春、秋季	夏季	冬季	夏季
种公猪舍	0.35	0.55	0.70	0.30	1.00
空怀妊娠母猪舍	0.30	0.45	0.60	0.30	1.00
哺乳母猪舍	0.30	0.45	0.60	0.15	0.40
保育猪舍	0.30	0.45	0.60	0.20	0.60
生长育肥猪舍	0.35	0.50	0.65	0.30	1.00

此外，由于我国幅员辽阔，区域气候差异较大，根据区域差异和地方特色猪种，一些地方标准的出台也为不同品种和用途猪养殖环境参数提供了参考，如《高原特色农产品滇南小耳猪第 4 部分：养殖环境与设施要求》（DB53/T 568.4—2014）、《皖南花猪商品猪饲养技术规程》（DB34/T 2276—2014）、《实验动物五指山猪环境及设施（普通环境）》（DB46/T 252—2013）等。

（二）国外猪舍温热环境参数

2015 年，丹麦奥胡斯大学、英国纽卡斯尔大学等联合编写的 *Improving health and welfare of pigs：A handbook for organic pig farmers* 中关于猪适宜温度和舍内气流速度、通风量的描述如表 2-12 所示，该手册推荐参数将不同生长阶段猪适宜通风量和风速分开，可供猪舍建筑环境工程设计与生产管理控制中科学配置或合理调控通风设施。

表 2-12 猪适宜温度及气流推荐值

生长阶段	适宜温度（℃）	气流速度（L/min）	日通风量需求（L/头）
1 周龄乳猪	30～34	0.4～0.5	0.7～1
1 周龄至断奶仔猪	28～30	0.5～0.7	1～3
断奶后第 1 周仔猪	27～29		

（续）

生长阶段	适宜温度（℃）	气流速度（L/min）	日通风量需求（L/头）
生长猪（＜50kg）		0.6～1	3～6
生长猪（50～80kg）	22～27	0.8～1.2	5～9
育肥猪（80～120kg）		1.5～1.8	8～11
妊娠母猪	10～20	1.5～1.8	15～20
泌乳母猪	＜25	2.5～3	20～35

加拿大农场动物保护委员会 2014 年颁布的 *Code of Practice for the Care and Handing of Pigs* 规范中推荐的猪饲养适宜温度及临界温度参数如表 2-13 所示，此规范在猪群的划分上将生长猪和育肥猪两个阶段分开，特别是单独推荐了刚断奶仔猪（断奶后 4～5d）及新生仔猪的舒适温度和临界温度，分别与断奶仔猪和哺乳仔猪区别开，很好地匹配了养猪生产实际需求。

表 2-13　猪生长舒适温度和临界温度（℃）

生长阶段	舒适温度	临界低温	临界高温
新生仔猪	35	32	38
哺乳仔猪（2～5kg）	30	27	32
断奶仔猪（4～5d）	35	33	37
断奶仔猪（5～20kg）	27	24	30
生长猪（20～55kg）	21	16	27
育肥猪（55～110kg）	18	10	24
妊娠母猪	18	10	27
泌乳母猪	18	13	27
公猪	18	10	27

根据澳大利亚国家动物福利委员会 2007 年发布的 *Australian Model Code of Practice for the Welfare of Animals-Pigs*、澳大利亚维多利亚州 2012 年修订的 *Pig Welfare Standards and*

Guidelines，推荐猪舍适宜温度见表 2-14，各阶段猪适宜温度范围上限值均高达 30℃（此温度条件下育肥猪和母猪受热应激），且与上述加拿大推荐参数相比较高，推测这可能与澳大利亚的地理和实际气候条件有关。

表 2-14　不同生长阶段猪适宜温度（℃）

生长阶段	适宜温度
新生仔猪	27～35
3 周龄	24～30
断奶后 1 周	20～30
生长猪	15～30
育肥猪	15～30
母猪和公猪	15～30

英国环境食品和乡村事务部于 2003 年出版的 *Code of Recommendations for the Welfare of Livestock Pigs* 中关于猪的适宜温度推荐见表 2-15，由表可知刚断奶仔猪适宜温度较哺乳仔猪高，对于指导生产具有重要的现实意义。

表 2-15　猪生长适宜温度（℃）

生长阶段	适宜温度
母猪	15～20
哺乳仔猪	25～30
断奶仔猪（2～4 周）	27～32
断奶仔猪（5 周以上）	22～27
生长育肥猪	15～21

2003 年美国国家猪肉委员会发布的 *Swine Care Handbook* 中关于猪的适宜温度推荐如表 2-16 所示，其中干预温度是指当环境温度过高或过低、需要人为控制降温或升温时的温度值。此手册推荐适宜温度相对较低，特别是干预低温超出正常数值，与我国现代

规模化养猪系统要求不符。

表 2-16 猪生长适宜温度（℃）

猪群类别	温度范围	干预低温	干预高温
泌乳母猪	16～27	10	32
新生仔猪	32	—	—
哺乳仔猪	27～32	16	35
保育猪	18～27	5	35
生长猪	16～24	−4	35
育肥猪	10～24	−15	35
母猪和公猪	16～24	−15	32

早在 1998 年，一份关于部分北欧国家（英国、新西兰、丹麦、德国）猪舍实际通风量的调研报告中给出了不同猪舍适宜的通风量（表 2-17），为不同季节通风调控提供了参考。

表 2-17 猪舍通风量的推荐值

猪群类别	体重（kg）	冬季最小值（m^3，以 500kg 活体重计）	夏季最大值（m^3，以 500kg 活体重计）
育肥猪	200	50	500
断奶仔猪	20	100	1 000
妊娠母猪	100	50	500

资料来源：Seedorf 等，1998。

此外，荷兰蒂斯曼集团的养猪技术手册中，详细介绍了各阶段猪群的生产管理环境参数，其中对于猪舍通风，规定春、秋、冬季舍内空气流速为 0.2～0.4m/s，夏季为 0.4～1.0m/s；不同猪群环境温度、湿度要求见表 2-18。此手册将体重范围和适宜温度范围相对应，充分反映了小猪较大猪，其适宜温度较高的事实，同时也为更精准控制猪舍温度提供了基础数据。

表 2-18　猪生长适宜温度和湿度

猪群类别	日龄	体重（kg）	适宜温度（℃）	临界高温（℃）	临界低温（℃）	适宜湿度（%）
哺乳仔猪	出生当天	1.5	35～32	37	30	60～70
	1～3d	1.5～2.0	32～30	37	30	60～70
	4～7d	2.0～2.5	30～28	37	28	60～70
	8～13d	2.5～4.5	28～25	37	23	60～80
	14～25d	4.5～7.5	25～23	37	23	60～80
保育仔猪	25～35d	7.5～9.5	28～25～23	30	20	60～80
	36～63d	9.5～25.0	23～20	30	18	60～80
生长猪	10～17 周	25.0～65.0	20～18	27	10	60～80
育肥猪	17 周至出栏	65.0～100.0	20～18	27	10	60～80
公猪			16～18	25	10	60～80
妊娠与空怀母猪			16～18	27	10	60～80
哺乳母猪			18～20	27	10	60～80

（三）国内外猪舍温热环境参数研究进展

在生产管理中，适宜温热环境，除了由猪的品种、日龄、生理状态决定外，也受畜舍环境、饲养管理、群体大小、气候条件等诸多因素的影响。国内外有关研究表明，不同阶段猪适宜温度推荐范围比较一致，其中国内猪饲养温热环境相关研究温度推荐参数汇总如表 2-19 所示。不同阶段猪适宜环境温度范围分别是：25～35℃（哺乳仔猪）、22～28℃（断奶仔猪）、18～27℃（生长猪）、15～22℃（育肥猪）、17～23℃（种公猪）、18～21℃（后备母猪与妊娠母猪）、20～22℃（哺乳母猪），其中不同周龄哺乳仔猪适宜温度差异较大。

表 2-19　国内猪饲养温热环境研究适宜温度推荐（℃）

猪群类别	生长阶段	适宜温度
哺乳仔猪	初生	30～32
	1 周龄	28～32
	2 周龄	27～29
	3～4 周龄	25～27
	断奶前	28～35
	哺乳仔猪	29～33
断奶仔猪	体重 5～10kg	24～30
	4～8 周龄	22～24
	断奶至 7 周龄	24～28
生长猪	8～10 周龄	21～27
	8 周龄后	20～24
	11～17 周龄	18～22
育肥猪	17 周龄至出栏	15～22
种公猪		17～21
后备母猪		18～21
妊娠母猪		18～21
哺乳母猪		20～22

资料来源：杨顺武，2002；章四新等，2012；刘玉龙和周海，2016。

国外猪饲养温热环境相关研究推荐（表 2-20）的猪舍环境适宜温度分别为：25～34℃（哺乳仔猪）、20～27℃（断奶仔猪）、18～24℃（生长育肥猪）、18～20℃（妊娠母猪与哺乳母猪）、18℃（种公猪），个体饲养和群养哺乳仔猪的下限温度分别是30～34℃、26℃，生长猪临界上限和下限温度分别为 30℃、18℃，育肥猪（80kg）下限温度是 11℃。生产中常因气候等原因造成猪舍环境无法达到适宜温度时，应采取措施将环境温度调控到猪群的上限临界温度或下限临界温度之内，以避免热应激或冷应激。

表 2-20 国外猪饲养温热环境研究适宜温度推荐（℃）

猪群类别	生长阶段	适宜温度	上限临界温度	下限临界温度
新生仔猪		30～34		30～34（单个饲养） 26（群养）
哺乳仔猪	3～4kg	25～30		
	2～5kg	30		
断奶仔猪	5～20kg	27		
	13～30kg	20～26	30	
生长猪	20～55kg	21		18
	（58±5）kg	18～22		
生长猪（群养）	60kg	21.3～22.4 （以直肠温度为指标） 22.9～25.5 （以产热量、采食量为指标）		
育肥猪	80kg			11
生长育肥猪	25～105kg	20～24		
妊娠与哺乳母猪		18～20		
种公猪		18		

资料来源：Henken 等，1991；Massabie，1996；Ferguson 和 Gous，1997；Noblet 等，1997；Myer 和 Bucklin，2001；Huynh 等，2005；Williams 等，2013；Cruzen 等，2015。

三、猪舍温热环境控制

猪饲养温热环境参数是猪舍环境工程设计和饲养环境控制的基础数据，可靠参数是设计合理和控制措施有效的保障。猪舍环境设计的目的是通过通风、供暖和降温，为不同体重和生长阶段猪提供舒适环境，配合营养调控，以充分发挥猪的遗传潜力。

通风是猪饲养温热环境控制的首要因素，也是生产中最易发生问题的环节，特别是在北方寒冷季节，过度强调保温就会忽略通风，结果会诱发包括蓝耳病在内的一系列呼吸系统病症。为了解决通风和保温的矛盾，可采用三种机械通风措施：夏季负压最大通风、春秋过渡季节负压适度通风、冬季热交换系统最小通风。

常见的夏季负压最大通风时调速风机和定速风机（图 2-6）在环境控制器（图 2-7）的控制下，根据目标温度参数实时开启和无级过渡变速运行，结合降温湿帘和冷风空调除湿设备等，解决高温高湿问题，保障猪体感温度适宜。春秋过渡季节负压适度通风，通过温度或CO_2浓度控制，仅启动调速风机，可有效控制猪舍湿度和有害气体浓度。

图 2-6　风　机

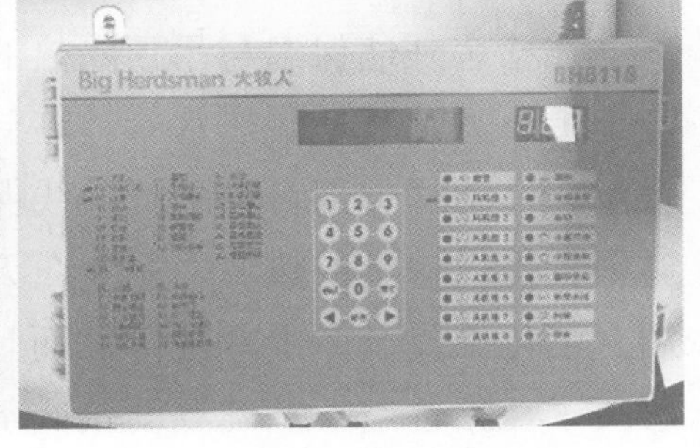

图 2-7　猪舍环境控制器

北方猪场冬季若使用负压通风系统，会导致猪舍内温度大幅降低，引起动物冷应激，同时增加供暖成本，为此建议采用热交换正压与负压联合通风系统，根据设定目标温度或CO_2浓度参数，风机变频运行直至全部开启以满足不同体重和生长阶段猪的通风量需求，达到除湿、除尘的效果，解决低温高湿的问题。热交换系统(图 2-8)工作时，正压低温新风与负压高温废气在双层布置的热交换腔体中对向流动，在此过程中实现废气对新风的热量传递，理论热交换效率在 40%～50%，即当舍外温度为－20℃时，出风口新风通过与排放废气热交换后温度可升至 0℃以上，节能效果达 50%。

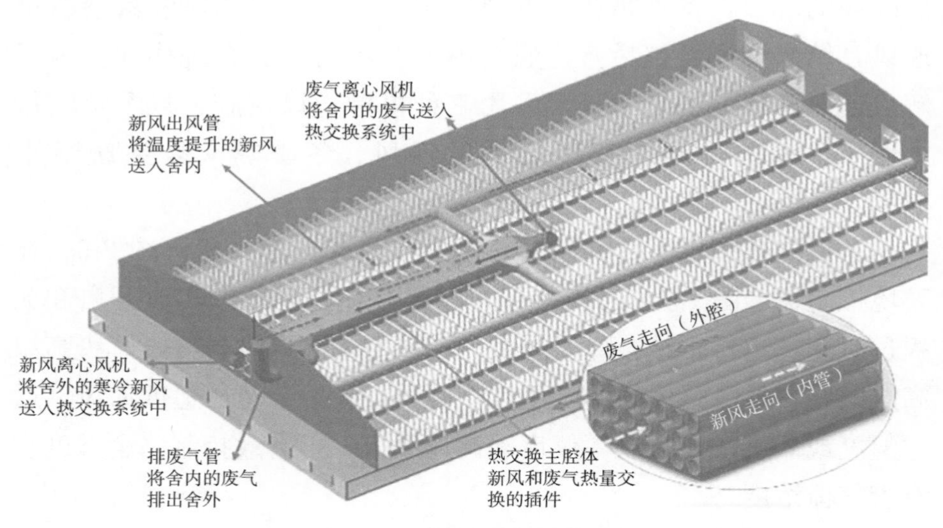

图 2-8　风管式热交换系统示意

在猪舍外墙保温与吊顶隔热的基础上，猪舍供暖可在猪舍地面与地板下方铺装地暖热水管，墙壁挂装热风机盘管等方式提供基础舍温，在猪栏上部再增配红外线保温灯进行局部加温，不仅可为各类猪舍提供稳定的热源，避免白天和夜间猪舍冷热不定造成仔猪腹泻、消化不良、体重减轻等；而且通过地板局部直接加热的方式，解决了在猪舍空气基础温度较低条件下猪对适宜温度的需求，特别是同时为哺乳舍母猪和仔猪提供了各自舒适环境条件。

四、中国猪饲养温热环境适宜参数推荐

猪舍温热环境是复杂的、多变的，以各类文献数据和有关标准为基础，结合国家重点研发计划项目子课题“猪舒适环境适宜参数研究”（2016YFD0500506）相关研究结果；通过调研中国南北不同区域规模化养猪场在不同季节条件下猪舍实际温热环境参数，及其对猪生产、生长和行为的影响；兼顾现代规模化猪舍设计的主导模式与趋势，确定了中国集约化养殖猪舍舒适环境的适宜温热参数推

荐值（表 2-21）。此温热参数以猪健康生产和经济效益为主要目标，以水泥漏缝地板和网床饲养密闭型猪舍为场景，水泥实心地面猪舍环境适宜温度设定值可适当调整；结合规模化养猪生产工艺流程和猪舍规划设计类型，并参考美国 NRC（2012）猪营养需要中猪体重阶段的划分，确定不同的猪群类别；重点考虑了在断奶、转群等应激状态下，猪对环境温度的依赖，如明确了断奶母猪下床后，断奶仔猪对较高温度的特定需求，以及高生长速度、高瘦肉品种猪产热量高，需较高通风换气量匹配。在非洲猪瘟防控成为我国养猪业面临的头等大事的背景下，尽管相对湿度推荐值可能会对控制灰尘不利，但根据笔者养猪生产管理实践经验，较低湿度对预防因病菌繁殖而引发的各类疾病，避免高温高湿环境造成的热应激等是有利的。因地域、季节和室外气候条件等诸多因素对通风换气的效果有很大的影响，所以环境控制通风参数重点推荐了猪舍夏季适宜风速、冬季最小通风量（可提供氧气，排出二氧化碳和氨气，满足最高生产水平的最小空气量）和春、秋季适宜通风量。

表 2-21　中国集约化养殖猪舍舒适环境适宜温热参数推荐

猪群类别	夏季风速（m/s）	冬季最小换气量［m^3/（h·头）］	春、秋季换气量［m^3/（h·头）］	相对湿度（%）[4]	最佳温度（℃）[5]	适宜温度（℃）
后备猪	1.0～2.0	20	100	45～55	17	15～18
种公猪	1.5～1.8	25	125	40～55	16	14～17
空怀母猪、妊娠前期母猪[1]	1.0～2.0	30	180	45～55	19	17～21
妊娠后期母猪[2]	1.5～2.5	40	200	45～55	18	16～20
哺乳母猪	2.5～3.0	50	300	40～50	20	18～22
哺乳仔猪						
1d	—	—	—	40～50	35	32～38
2～7d	—	—	—	40～50	32	30～34
7～21d	0.1～0.3	—	—	40～50	28	26～30
断奶仔猪[3]	0.3～0.5	3	15	45～55	30	28～32

（续）

猪群类别	夏季风速 (m/s)	冬季最小换气量 [m³/（h·头）]	春、秋季换气量 [m³/（h·头）]	相对湿度 (%)[4]	最佳温度 (℃)[5]	适宜温度 (℃)
保育猪						
7～14kg	0.5～0.7	5	25	45～55	28	26～30
14～25kg	0.7～0.9	7	35	45～55	25	23～27
生长育肥猪						
25～50kg	0.8～1.0	15	45	45～55	21	18～24
50～75kg	1.0～1.2	17	90	45～60	18	16～20
75～100kg	1.2～1.5	19		45～60	17	15～19
100～125kg	1.5～1.8	21	105	45～60	15	12～18

注：[1]空怀母猪与配种 85d 前妊娠母猪；
[2]配种 85d 后妊娠母猪；
[3]断奶留床暂不转群仔猪；
[4]以猪健康为主要目标的推荐范围；
[5]漏缝地板猪舍冬季环控温度设定参考值，兼顾经济性，夏季设定值可相应提高 2～3℃；实心地面猪舍环境设定温度较同季节漏缝地板猪舍推荐值低 1～2℃；冬季夜间可相应降低 2～3℃。

生产实践中控制猪饲养环境的主要目的是饲料养分利用率最大化，这就需要考虑环境与营养互作。除考虑猪舍建筑结构、供热、通风降温外，冬季环境温度较低时，还可采用自由采食的饲喂方法提高猪对蛋白质的摄入量和沉积速率，进而提高猪肉瘦肉率；在夏季高温环境下，当环境温度超过上限临界温度时，可通过降低猪舍内相对湿度，或限制猪采食量，减少产热量，缓解热应激，改善其生产性能。

第三章 猪饲养气体环境

第一节 猪舍气体环境对猪的影响

猪舍气体环境作为猪舍环境因子组成要素之一，对于猪生产与健康具有重要影响。猪舍气体环境中有害气体、粉尘、微生物不仅会对人类身体健康产生不良影响，而且会影响猪的健康生长、增加猪患病率、降低日增重等，给养猪业带来经济损失。猪舍内有害气体过量会诱发呼吸道疾病，导致猪呼吸困难、喘气咳嗽、食欲下降、精神萎靡、疾病易感性升高等，从而使猪的生产性能降低。为确保猪群健康和生产力的正常发挥，我国现行国家标准规定保育猪舍、哺乳猪舍氨气含量不超过 20mg/m^3，硫化氢的含量不超过 8mg/m^3，二氧化碳含量不超过1 300 mg/m^3，粉尘含量不超过 1.2mg/m^3，细菌含量不超过 4.0×10^{4}个/m^3；猪的其他生长阶段要求猪舍氨气含量不超过25mg/m^3，硫化氢含量不超过10mg/m^3，二氧化碳含量不超过1 500 mg/m^3，粉尘含量不超过 1.5mg/m^3，细菌含量不超过 6.0×10^{4}个/m^3，其中二氧化碳阈值偏低，因室外空气中二氧化碳含量约 1 200mg/m^3，所以猪舍环境中二氧化碳浓度较难控制在 1 500mg/m^3。

一、氨气对猪的影响

根据氨气（NH_3）的特点，畜舍内的湿度越高，氨气的相对浓度越高。高浓度的 NH_3 可使猪接触的局部发生碱性化学灼伤、组织坏死，亦可引起中枢神经麻痹、中毒性肝病和心肌损伤等明显病理反应和症状，亦称为氨中毒。低浓度的 NH_3 对皮肤和黏膜有刺激作用，猪长期处于低浓度的 NH_3 环境中，会发生慢性氨中毒，出现体质变弱、抵抗力降低，采食量、日增重、繁殖能力下降，发病率、死亡率升高等症状。

猪长期处在低浓度氨气的环境中，会出现平均日采食量下降，日增重减少，免疫力降低，猪发病率、死亡率升高。在氨气环境中，炭疽杆菌、肺炎球菌、大肠杆菌的感染过程显著加快。氨气浓度超过 0.001 5％时，会刺激呼吸道。当暴露在 0.005％氨气浓度下时，小猪增重减少 12％，呼吸系统无损伤。0.005％～0.007 5％氨气浓度，小猪清除肺部细菌的能力明显降低。0.007 5％～0.01％氨气浓度下，氨气会加剧感染支气管败血性杆菌的小猪鼻甲损伤，但并没有加速小猪增重的减少。0.01％～0.015％氨气浓度下，小猪增重减少 30％，气管上皮细胞和鼻甲显示出组织损伤。小猪暴露在 0.01％的氨气浓度下时，增重减少 32％。猪对低浓度氨气（0.001％、0.002％、0.004％）也会产生排斥。

一定量的氨气进入呼吸道能够引起咳嗽、呼吸困难等，氨气浓度过高对猪造成直接损伤的部位是气管、肺组织及眼结膜部分，会引起黏膜充血、水肿等，导致支气管炎、结膜炎、肺炎及肺水肿等呼吸道疾病的患病率显著升高。氨气对猪呼吸系统的损害程度与浓度高低和暴露时间长短有关。氨的水溶液呈碱性，对机体黏膜具有刺激作用，1％的氨溶液可引起黏膜发炎、充血，情况严重时还会造成碱灼伤，导致眼失明。而氨气又易溶解在猪呼吸道黏膜及眼结膜上，故可引发视觉障碍等各种炎症。氨气还可通过肺泡气体交换进入血液，引起呼吸及血管中枢兴奋，氨浓度高时还能够引起神经系统麻痹中毒性肝病等。猪舍中氨气浓度的升高会增加猪关节炎发病率，除此之外，猪的应激综合征损伤和脓肿的发生频率也会增加。氨气对猪生产与健康的影响如表 3-1 所示。动物都有趋利避害的本能，氨气达到一定浓度时，猪会出现逃逸行为，在环境允许的前提下，猪倾向于选择无氨气污染的猪舍。

表 3-1　氨气对猪生产与健康的影响

生长阶段	氨气浓度（mg/kg）	对猪的影响	资料来源
哺乳仔猪	5、10、15、25	10mg/kg 时猪萎缩性鼻炎加重，呼吸道黏膜损伤	Hamilton 等，1996
断奶仔猪	35 50	氨气浓度 35mg/kg、50mg/kg 时，白细胞、淋巴细胞、单核细胞数量增加	曹进和张峥，2003
生长猪	5～25	氨气浓度升高，气管黏膜纤毛脱落程度加重，氨气浓度高于 15mg/kg 时黏膜免疫性能受到影响；20～25mg/kg 时鼻腔微生物丰度降低；25mg/kg 时鼻腔莫拉菌属丰度显著增加，乳酸杆菌属丰度显著降低	李季，2018
育肥猪	18.6～33.9	氨气浓度升高，死亡率、肺炎发病率升高	Michiels 等，2015
	0、10、25、50	氨气浓度升高，机体免疫功能降低	Murphy 等，2012
后备母猪	15	持续不发情	邓小闻等，2012
	3.8～15.96	性成熟比例降低，发情率降低	
	26.6	性成熟时体重降低，平均产活仔数降低	

二、硫化氢对猪的影响

猪舍有害气体中硫化氢毒性最大，它能够跟黏液中的钠离子反应，生成对动物黏膜具有刺激作用的硫化钠。若硫化氢被吸入鼻腔，它会对鼻腔产生刺激作用，引发鼻炎，还会对气管、肺部造成损伤，引起气管炎和肺部水肿；长期吸入较低浓度的硫化氢，会使

植物性神经发生紊乱。经由肺泡进入血液的硫化氢，在被氧化之后可以生成无毒的硫酸盐，此时不会对猪产生毒害作用；但游离硫化氢能够与细胞色素酶反应，使其失去活性，影响细胞氧化过程，最终表现为全身中毒。硫化氢进入血液后，会影响家畜的运氧能力，导致动物缺氧，使其精神萎靡，免疫力降低。

在猪舍中低浓度的硫化氢会导致猪免疫力降低，高浓度的硫化氢会阻碍猪的呼吸中枢，从而使猪窒息死亡。当暴露在0.000 85%的低硫化氢浓度下，对仔猪体重和呼吸道无明显影响。在封闭式猪舍中，硫化氢浓度一般小于0.001%且不具有伤害性，但在搅拌粪便时产生的浓度可能高达0.1%以上。当硫化氢浓度为0.005%～0.01%、0.01%～0.1%和0.1%以上，会分别导致生猪慢性、亚急性和急性中毒。硫化氢浓度在0.005%～0.01%时对猪的影响并不明显；0.025%时感到痛苦并表现为颤抖、哀号等生理反应；0.05%～0.07%时半昏迷；0.1%及以上时会出现间歇性痉挛，皮肤青紫，昏迷，惊厥，死亡。环境中不同浓度硫化氢对猪的影响如表3-2所示。

表3-2　不同浓度硫化氢对猪的影响

硫化氢浓度（%）	对猪的影响
0.002	畏光、流泪、食欲减退、紧张
0.005	生长性能下降，长期暴露增加呼吸道疾病患病率
0.01	喷嚏、食欲减退、生长性能下降
0.02	肺水肿、失去知觉、死亡
>0.065	丧失知觉，很快因中枢神经麻痹而死亡

三、二氧化碳对猪的影响

二氧化碳排放量主要与外界环境、猪群数量、生长阶段、粪尿储存时间等因素有关，当猪舍中饲养密度过大、通风不良、卫生管理不当时，二氧化碳浓度就会升高，不同类型、不同季节猪舍中二氧化碳排放量如表 3-3、表 3-4 所示。

表 3-3　不同类型猪舍中二氧化碳排放量

生长阶段	体重 (kg)	地板类型	二氧化碳排放量 [m³/（h·kW）]	资料来源
断奶仔猪	12.9	垫草	0.172	Nicks 等，2003
		垫草	0.130	Nicks 等，2004
	12.3	漏缝地板	0.122	
	11.8	漏缝地板	0.137	Nicks 等，2005
育肥猪	70.2	垫草	0.181	Philippe 等，2006
		部分漏缝地板	0.185	Blanes 和 Pedersen，2005
	67.6	漏缝地板	0.206	Zong 等，2014
母猪	229	—	0.165	Rijnen 等，2001

表 3-4　不同季节不同猪舍二氧化碳浓度（%）

猪舍类别	春季	夏季	秋季	冬季
妊娠母猪舍	0.116 4～0.132 0	0.070 6～0.072 5	0.097 9～0.105 4	0.132 8～0.143 0
哺乳母猪舍	0.156 3～0.183 5	0.072 8～0.075 1	0.113 5～0.126 3	0.156 0～0.166 4
保育猪舍	0.126 3～0.147 6	0.069 2～0.072 2	0.104 2～0.123 6	0.128 6～0.136 7
育肥猪舍	0.119 0～0.132 6	0.070 6～0.072 3	0.107 6～0.123 5	0.137 2～0.146 0

当猪舍内二氧化碳浓度过高时，氧气含量相对较低，可能造成猪表现缺氧症状。如在冬季通风不足的密闭猪舍中，二氧化碳可能会对猪的健康产生影响。当猪舍内的二氧化碳浓度为 4%时，猪的呼吸频率明显加快；当二氧化碳的浓度为 9%时，猪会出现异动现象；当二氧化碳浓度为 20%时，猪出现无法忍受的状态。断奶仔猪在 10%二氧化碳浓度下未出现身体失衡和规避反应，在 20%二氧化碳浓度下出现张口呼吸，行为紊乱，在 30%二氧化碳浓度下出现身体失衡。断奶仔猪在 20%和 30%二氧化碳浓度环境下显示出剧烈的神经肌肉兴奋。体重 68kg 猪对 2%二氧化碳浓度没有异常反应，二氧化碳浓度达 3%时猪呼吸加快，到 4%出现呆滞嗜睡，

6%深度窒息性呼吸，30%致死。猪屠宰昏迷系统中注入70%、90%的二氧化碳，猪只出现呼吸困难、喘息、严重的排斥、试图逃离，直到出现昏迷的行为，出现排斥和逃离行为的显著程度和二氧化碳的浓度有关，呼吸急促的猪的神经网络要比呼吸正常的猪的神经网络受损严重。

猪长期处于高浓度二氧化碳条件下，会出现食欲下降，增重减缓，精神萎靡不振，体质下降，对各种疾病的易感性增强（表3-5）。二氧化碳浓度可以作为衡量猪舍中空气环境的指标之一，若二氧化碳的浓度升高，那么舍内其他有害气体的浓度可能也会增加。

表3-5　二氧化碳浓度对猪行为的影响（%）

CO_2浓度（mg/m^3）	喘气	逃跑	痉挛	角膜反射（超过110s）
15	0	0	无	98
20	20	17	有	93
30	62	17	有	80
90	94	57	有	0

四、一氧化碳对猪的影响

在冬季时大部分农户的猪舍经常使用火炉取暖，时常由于煤炭的不充分燃烧产生一氧化碳，在关闭门窗、通风不良的情况下容易发生中毒。一氧化碳随空气一同被动物体吸入，经由肺泡参与血液循环，与运输氧气的血红蛋白相结合，使猪体出现急性缺氧症状，引起呼吸、循环及神经系统功能障碍，导致中毒。

五、颗粒对猪的影响

猪舍内颗粒对于猪的动物福利、生产性能等均有负面作用。颗粒物的危害程度主要取决于颗粒的大小、表面积及化学成分。颗粒物增多会使猪生长速率降低，还会引起鼻甲骨病变。将断奶仔猪暴露于猪舍环境颗粒物浓度为5.1mg/m^3和9.9mg/m^3的环境中，其采食量和体重要显著低于在环境颗粒物浓度为1.2mg/m^3和2.7mg/m^3的环境中。

颗粒本身对猪体具有刺激性和毒性，同时又由于其上附着的致病微生物、污染物等增加了其对猪体健康的危害。被吸入呼吸道的颗粒刺激鼻腔黏膜、气管、支气管，引起呼吸系统疾病；颗粒对于黏膜的清除系统有害，它还能够引起呼吸系统上皮细胞的炎症和刺激；颗粒还可进入肺部，严重者会引起肺炎；降落在猪体表的颗粒可与皮脂腺分泌物、微生物、皮屑等混合，刺激皮肤瘙痒，也会导致体表已有的伤口产生炎症；颗粒还会堵塞皮脂腺，造成动物皮肤干燥、易损伤，进而降低猪抵抗力；颗粒进入眼睛可引发结膜炎及其他眼部疾病；颗粒浓度过高会使猪的日增重降低，饲料转化率下降，引发呼吸系统疾病，导致猪的发病率和死亡率增加。

六、微生物对猪的影响

病原微生物可附着于颗粒进行传播，降低猪群的免疫力，减弱猪群体质，进而影响畜产品的产量、品质，降低猪生产性能。微生物存在于5～20μm大小的颗粒上，主要存在于10μm大小的颗粒上。而微生物气溶胶致病原因与其微粒粒径大小有关，当猪吸入粒径大于5μm的颗粒时，由于粒径太大，只能到达鼻腔和上呼吸道，从而引起生猪发生咽炎、喉炎及气管炎等疾病；当猪吸入粒径小于2.5μm的细小颗粒时，这些颗粒可通过呼吸道进入小支气管和肺泡，甚至进入血液，常会引起猪只哮喘、支气管炎等疾病。因病原微生物将颗粒作为载体，所以空气中微生物的数量多少与颗粒有很大关系。能够使空气中颗粒数量增加的因素也有可能会使空气微生物数量增多。将颗粒作为媒介的病原微生物，一般受外界环境的影响较小，如葡萄球菌、链球菌、绿脓杆菌、结核菌、炭疽芽孢和破伤风杆菌、丹毒等，猪的炭疽病就是通过尘埃传播的。空气中病原微生物类群不固定，通常情况下多数为腐生菌，还有酵母菌、球菌、放线菌、霉菌等。在有疫病流行的地区，猪鸣叫、咳嗽、打喷嚏时喷出大量飞沫，呼吸道传染病如流行性感冒、气喘病等病原微生物可附着在飞沫上在猪群间传播。

根据病原微生物的不同可将畜禽传染病分为病毒传染病、细菌传染病和真菌传染病三大类。传染性疾病的病原体大部分通过空气进行传播。猪舍的条件性致病微生物在特定条件下能够发挥其致病作用，而非致病微生物若达到较高浓度也可以对猪产生较大危害，主要体现在加重机体的免疫负荷、降低机体对疫苗的免疫应答力、降低抗病能力和增加易感性等。致病菌的危害则更为严重，极少量的致病菌就可以直接引起呼吸道的感染。猪舍内需氧菌浓度、异养细菌和真菌浓度如表 3-6、表 3-7 所示。

表 3-6　猪舍内需氧菌浓度（$\times 10^4$ CFU/m^3）

季节	封闭式猪舍需氧菌浓度			半封闭式猪舍需氧菌浓度		
	最小值	中间值	最大值	最小值	中间值	最大值
春季	9.49	17.88	31.90	9.78	15.72	32.65
夏季	8.13	9.38	22.65	8.30	13.59	21.74
秋季	11.60	19.04	31.33	9.34	19.80	34.71
冬季	12.69	25.96	38.63	9.58	22.63	33.21

资料来源：黄藏宇，2012。

表 3-7　猪舍内异养细菌和真菌浓度（CFU/m^3）

猪舍类型	异养细菌浓度		真菌浓度	
	范围	平均值	范围	平均值
封闭式保育猪舍	$9.0\times10^3\sim2.5\times10^5$	4.2×10^4	$6.9\times10^3\sim7.8\times10^4$	1.1×10^4
开放式育肥猪舍	$2.6\times10^2\sim1.2\times10^3$	3.3×10^2	$8.0\times10\sim1.2\times10^4$	2.4×10^3
妊娠母猪舍	$6.1\times10^2\sim1.6\times10^4$	7.1×10^3	$6.9\times10^2\sim2.8\times10^4$	8.6×10^3
平均值	$2.6\times10^2\sim2.5\times10^5$	1.5×10^4	$8.0\times10\sim7.8\times10^4$	7.3×10^3

资料来源：刘建伟和马文林，2010。

七、有害气体对工作人员的影响

饲养员在猪舍中工作时，如果氨气浓度达到 3.04mg/m^3 就能感觉到氨气的存在；人每天 8h 工作环境中氨气的极限浓度是 19mg/m^3，如果氨气浓度到达 19mg/m^3，会刺激人的眼睛、皮肤等软组织；若环境中的氨气浓度达 26.6mg/m^3，人在其中工作不得超过 15min，否则会引起人的头晕甚至窒息。猪舍内的氨气浓度过高，还会影响养殖人员的情绪波动，对猪场生产不利。

硫化氢作为一种刺激性气体对密闭式猪场内的猪群及工作人员的健康都将产生不良影响。表 3-8 总结了暴露在不同硫化氢浓度下对人类的影响。当工作人员暴露在 0.001%硫化氢浓度下时，会对眼结膜造成刺激；浓度大于 0.002%时，会对鼻腔、眼睛和气管造成伤害；浓度达到 0.005%～0.01%时，会造成呕吐、恶心、腹泻等症状；浓度达到 0.02%时，会出现头晕、神经紊乱、肺炎患病率增加；浓度达到 0.1%时，将严重呕吐、失去知觉、出现休克症状。

表 3-8　不同硫化氢浓度对人类的影响

硫化氢浓度（%）	对人类的影响
0.001	刺激眼结膜
≥0.002	刺激鼻腔、眼睛、气管
0.005～0.01	呕吐、恶心、腹泻
0.02（1h）	头晕、神经紊乱、肺炎患病率增加
0.05（30min）	严重呕吐、失去知觉

资料来源：Kliebenstein，2002。

冬季密闭式猪舍内二氧化碳浓度可高达 0.3%，长期在此环境中工作将引发工作人员慢性健康危害，肺功能下降，呼吸系统患病率（慢性咳嗽、痰量增加、炎症）上升。0.5%～0.8%的二氧化碳

浓度下对人体无明显影响，长期暴露在0.8%～3.0%二氧化碳浓度下可导致心理机能减退，3.0%的二氧化碳浓度下工作效率明显下降。人体暴露在0.5%～2.0%的二氧化碳浓度环境中，会出现轻微的呼吸性酸中毒，0.65%的二氧化碳浓度是不引起人体不良效应的安全临界值。

各类病原微生物及微颗粒的吸入使猪舍工作人员容易患呼吸道疾病。猪舍内部空气中含有高浓度的细菌毒素［（15 361.75±7 712.16）EU/m^3］，在此环境下采用小鼠代替工作人员，暴露20d的小鼠与暴露5d的小鼠相比，支气管肺泡灌洗液中白细胞数和嗜酸性粒细胞增加，气道上皮杯状细胞增加，气道敏感性增高，肺部发炎。其中暴露20d的小鼠，肺部与支气管相连的淋巴组织中出现生发中心和有丝分裂细胞，表明淋巴组织被激活，小鼠气道平滑肌细胞和间隔的巨噬细胞都有增加趋势。多次暴露于含有细菌毒素的猪舍空气中将导致小鼠气道的高敏感性和肺炎。

第二节　国内外猪饲养气体环境参数

对制定动物设施空气质量标准叙述较为完整的文献是2002年美国艾奥瓦州的动物设施空气质量（CAFOs）研究报告。该报告集合了对猪舍内的有害气体、微尘和有机物等的相关研究，分别对各种有害气体、微尘和有机物等在猪舍内的排放情况进行了综述；并推荐了一套动物设施空气环境的标准，将动物设施空气质量标准分为两方面，一方面针对猪，另一方面针对在动物设施内的工作人员及生活在猪生产设施周围的居民。

一、猪的环境限值

基于病理数据和免疫数据，猪长时间暴露在氨气中最大浓度不能超过0.002%，同时暴露在0.001%～0.001 5%氨气中会降低猪对疾病的抵抗力。2002年美国艾奥瓦州对动物设施空气质量（CAFOs）做了一系列研究，推荐养猪场内硫化氢浓度连续1h内均值不超过0.000 05%，1年之中最多有7d（最多有2d连续）可超过这个限值。猪舍内硫化氢浓度连续1h内均值不超过0.000 07%，1年之中最多有7d（最多有2d连续）可超过这个限值，并推荐不得超过15∶1的稀释浓度。居民区硫化氢浓度不得超过0.000 001 5%，1年内最多有14d超过该值，并推荐不得超过7∶1的稀释浓度。

2008年我国发布标准《规模猪场环境参数及环境管理》（GB/T 17824.3—2008），对猪舍空气中的氨气、硫化氢、二氧化碳、细菌总数和粉尘做了下列限制，如表3-9所示。例如，育肥猪舍中氨气浓度不高于25mg/m^3，硫化氢浓度不高于10mg/m^3，二氧化碳浓度不超过0.15%，细菌总数不高于6.0×10^{4}个/m^3，粉尘不超过1.5mg/m^3。

表3-9　猪舍空气卫生指标

猪舍类型	氨气浓度（mg/m^3）	硫化氢浓度（mg/m^3）	二氧化碳浓度（mg/m^3）	细菌数（×10^{4}个/m^3）	粉尘浓度（mg/m^3）
保育猪舍	20	8	1 300	4	1.2
生长育肥猪舍	25	10	1 500	6	1.5
空怀妊娠母猪舍	25	10	1 500	6	1.5
哺乳母猪舍	20	8	1 300	4	1.2
种公猪舍	25	10	1 500	6	1.5

表3-10列出了推荐的人与猪环境暴露的最大限值。从表中可以看出，对猪舍的环境标准为氨气浓度不高于0.001 1%，二氧化碳浓度不高于0.154%，总悬浮颗粒物浓度不高于3.7mg/m^3，PM_{10}浓度不高于0.23mg/m^3，微生物总量不高于4.3×10^5 CFU/m^3，内毒素总量不高于0.23mg/m^3。

表 3-10 人和猪暴露在猪舍中环境限值

指标	人类健康最大限值	猪健康最大限值
总颗粒物（mg/m^3）	2.4	3.7
可吸入颗粒物（mg/m^3）	0.23	0.23
内毒素（EU/m^3）	100	150
二氧化碳（%）	0.154	0.154
氨气（%）	0.000 7	0.001 1
总微生物（CFU/m^3）	4.3×10^5	4.3×10^5

资料来源：Donham 等，1995；Reynolds 等，1996；Donham 等，2000。

二、猪舍工作人员的环境限值

对于猪舍内的工作人员及生活在猪舍生产设施周围的居民的空气质量标准与公共环境下居民的社会标准相一致。美国环境保护署（EPA）评估人类暴露的安全水平，美国毒物与疾病登记署（ATSDR）列出人类暴露的急性、中度、慢性的水平。美国政府工业卫生学家协会（ACGIH）、美国工业卫生学会（AIHA）、美国国家职业安全卫生研究所（NIOSH）、美国职业安全与健康管理署（OSHA）发布了工作人员健康标准最大限值，如表 3-11 所示。

表 3-11 工作人员健康标准最大限值

机构	氨气（%）	硫化氢（%）	一氧化碳（%）	二氧化碳（%）	总颗粒物（mg/m^3）	可吸入颗粒物（mg/m^3）
AIHA	0.002 5	0.000 01	0.02	—	—	—
ACGIH	0.002 5	0.001	0.002 5	0.5	4	3
NIOSH	0.002 5	0.001	0.003 5	0.5	4	—
OSHA	0.005	0.002	0.005	0.5	10	5

对于各类有害气体，目前美国职业安全与健康管理署规定允许的氨气暴露极限（OSHA PEL）时间加权平均浓度（TWA）为0.005%。美国政府工业卫生学家协会（ACGIH）和美国国家职业

安全卫生研究所（NIOSH）推荐了一个0.002 5%的时间加权平均浓度。美国环境保护署（EPA）发现动物生产中产生的氨气占总污染的3/4，它推荐慢性吸入氨气浓度的参考值为0.000 14%。美国毒物与疾病登记署（ATSDR）推荐居民区中氨气最高残留量为0.000 03%。由于低浓度氨气能够到达肺泡，并且吸附于可呼吸的颗粒物，如气溶胶，因此推荐氨气暴露限值为7mg/m³。目前美国职业安全与健康管理署规定允许的硫化氢暴露极限（OSHA PEL）为0.001%，短时间接触容许浓度可为0.001 5%。美国国家职业安全卫生研究所（NIOSH）推荐的时间加权平均浓度为10mg/m³。对于居民区内，美国环境保护署（EPA）推荐的硫化氢最高残留量为0.000 000 7%。按照国际农业和生物系统工程委员会（CIGR）规定，猪舍内最大允许的二氧化碳浓度为0.3%，对人的二氧化碳浓度为0.5%。

美国国家环境空气标准对PM_{10}规定为全年平均值为50mg/m³，24h内平均值为150mg/m³。颗粒直径在4～10μm会沉积在呼吸道，小于2.5μm会进入终端支气管和肺泡。微尘会滞留在上呼吸道引起气喘和支气管炎，增加心脏病死亡率。微尘与刺激性气体形成化合物到肺部深处，会引起发炎及中毒反应。猪舍内的空气被微尘污染，近1/4是蛋白质，近1/3的悬浮微尘是可吸入呼吸道的。居民室内及室外环境中悬浮颗粒浓度分别为2～6mg/m³和20mg/m³。

畜禽舍中部分微生物是人类病源菌，在暴露环境下工作人员存在被感染的可能。猪生产环境中微生物、细菌等总有机物有时可能超过10^{10}CFU/m³，舍内微生物不仅包括有机体，在医学上还包括抗原、葡聚糖和内毒素。内毒素是一种脂多糖复合物，是革兰氏阴性细菌细胞壁的产物，在生活环境中十分普遍，养殖环境中浓度较高，随畜禽生产中的微生物气溶胶吸入肺部之后，会引起咳嗽、胸痛、呼吸困难。美国并未对此提出标准。荷兰提出一个超过8h的暴露时间限于50EU/m³（4.5ng/m³）的标准。

三、猪舍中氨气含量阈值

随着养猪业的发展，集约化程度不断提高，而养殖规模扩大的同时会增加饲养密度，容易导致猪舍氨气浓度过量。猪舍氨气浓度增加不仅会污染大气环境，同时会严重影响猪群健康，诱发各种呼吸道疾病，从而降低猪生产性能。为了给猪群提供舒适饲养环境，避免猪舍氨气浓度过量产生的危害，保证动物福利，不同国家都提出了猪舍氨气浓度的阈值（表 3-12）。通过对这些阈值的分析发现，美国和澳大利亚对猪舍中氨气浓度阈值的标准是相同的，均为0.001 1%；我国氨气阈值标准高于其他国家。据调查，猪舍氨气浓度多低于0.002 5%，表 3-13 展示了我国南方某猪场不同季节不同猪舍的氨气浓度。

表 3-12　不同国家猪舍中氨气浓度阈值

猪舍类型	中国（mg/m^3）	美国（%）	澳大利亚（%）
保育猪舍	20	0.001 1	0.001 1
生长育肥猪舍	25	0.001 1	0.001 1
空怀妊娠母猪舍	25	0.001 1	0.001 1
哺乳母猪舍	20	0.001 1	0.001 1
种公猪舍	25	0.001 1	0.001 1

表 3-13　不同季节不同猪舍氨气浓度（%）

猪舍类型	春季	夏季	秋季	冬季
妊娠母猪舍	0.001 37	0.000 50	0.001 31	0.001 32
哺乳母猪舍	0.001 62	0.000 60	0.001 51	0.001 52
保育猪舍	0.001 42	0.000 52	0.001 27	0.001 33
育肥猪舍	0.001 41	0.000 49	0.001 26	0.001 29

四、猪舍中硫化氢含量阈值

硫化氢是猪舍中对猪危害较大的有害气体，会对鼻腔产生刺激作用，引发鼻炎，还会对气管、肺部造成损伤，引起气管炎和肺部水肿；长期吸入较低浓度的硫化氢，会使植物性神经发生紊乱。通过比较表 3-14 所列不同国家和机构猪舍中硫化氢浓度推荐值，发现美国艾奥瓦州立大学和澳大利亚提出的猪舍中硫化氢浓度阈值的标准是相同的，均为0.000 5%；我国硫化氢浓度阈值标准较高。因保育猪和哺乳母猪对硫化氢的敏感程度更高，故这两类猪舍中硫化氢浓度要求低于 8mg/m^3（0.000 53%）；其他猪舍中硫化氢浓度要求低于 10mg/m^3（0.000 66%）。表 3-15 展示了我国某南方猪场不同季节不同猪舍的硫化氢浓度。

表 3-14 不同国家和机构猪舍中硫化氢浓度阈值

猪舍类型	中国（mg/m^3）	美国艾奥瓦州立大学（%）	澳大利亚（%）
保育猪舍	8	0.000 5	0.000 5
生长育肥猪舍	10	0.000 5	0.000 5
空怀妊娠母猪舍	10	0.000 5	0.000 5
哺乳母猪舍	8	0.000 5	0.000 5
种公猪舍	10	0.000 5	0.000 5

表 3-15 不同季节不同猪舍硫化氢浓度（%）

猪舍类型	春季	夏季	秋季	冬季
妊娠母猪舍	0.000 31	0.000 18	0.000 30	0.000 43
哺乳母猪舍	0.000 32	0.000 19	0.000 27	0.000 43
保育猪舍	0.000 25	0.000 19	0.000 28	0.000 40
育肥猪舍	0.000 32	0.000 16	0.000 30	0.000 38

五、猪舍中二氧化碳含量阈值

二氧化碳浓度可以反映猪舍的洁净程度、通风状况及其他有害气体含量等。猪长期处于高浓度二氧化碳条件下，对各种疾病的易感性增强。根据不同国家和机构猪舍中二氧化碳浓度推荐值进行比较发现，美国和澳大利亚对猪舍中二氧化碳浓度阈值的标准相近，其中澳大利亚较低，为 0.15%；中国规定保育猪舍、哺乳母猪舍二氧化碳浓度为 1 300mg/m^3，其他猪舍为 1 500mg/m^3，分别相当于0.066 2%、0.076 4%，此阈值最低，与实际差距较大，可能是单位换算的原因；美国规定猪舍二氧化碳浓度阈值为0.154%，而美国艾奥瓦州立大学提出的阈值为 0.3%，高于美国标准（表 3-16）。

表 3-16　不同国家和机构猪舍中二氧化碳浓度阈值

猪舍类型	中国（mg/m^3）	美国（%）	美国艾奥瓦州立大学（%）	澳大利亚（%）
保育猪舍	1 300	0.154	0.3	0.15
生长育肥猪舍	1 500	0.154	0.3	0.15
空怀妊娠母猪舍	1 500	0.154	0.3	0.15
哺乳母猪舍	1 300	0.154	0.3	0.15
种公猪舍	1 500	0.154	0.3	0.15

六、猪舍中一氧化碳含量阈值

为了保证猪的高效健康生长，避免猪舍一氧化碳浓度过量产生的危害，不同国家和机构都提出了猪舍一氧化碳浓度的阈值（表 3-17），美国艾奥瓦州立大学提出的阈值是0.005%，最高；澳大利亚次之，阈值为 0.003%；加拿大提出的一氧化碳浓度阈值最低，为0.002 5%。

表 3-17 不同国家和机构猪舍中一氧化碳浓度阈值（%）

猪舍类型	美国艾奥瓦州立大学	澳大利亚	加拿大
保育猪舍	0.005	0.003	0.002 5
生长育肥猪舍	0.005	0.003	0.002 5
空怀妊娠母猪舍	0.005	0.003	0.002 5
哺乳母猪舍	0.005	0.003	0.002 5
种公猪舍	0.005	0.003	0.002 5

七、猪舍中粉尘含量阈值

猪舍内粉尘对猪的动物福利、生产性能等均有负面作用。粉尘本身对猪体具有刺激性和毒性，且粉尘附着的致病微生物、污染物等会增加其对猪体健康的危害。猪舍中粉尘不仅会影响大气环境，还会影响猪生长与健康。通过分析不同国家和机构猪舍中粉尘含量阈值（表 3-18）发现，澳大利亚提出的阈值最低，仅为 0.23mg/m^3；其次为中国，规定保育猪舍和哺乳母猪舍为 1.2mg/m^3，其他猪舍为 1.5 mg/m^3；美国提出的推荐阈值高于中国和澳大利亚，为 3.7mg/m^3，而美国艾奥瓦州立大学提出的猪舍中粉尘含量的阈值最高，为 10mg/m^3。

表 3-18 不同国家和机构猪舍中粉尘含量阈值（mg/m^3）

猪舍类型	中国	美国	美国艾奥瓦州立大学	澳大利亚
保育猪舍	1.2	3.7	10	0.23
生长育肥猪舍	1.5	3.7	10	0.23
空怀妊娠母猪舍	1.5	3.7	10	0.23
哺乳母猪舍	1.2	3.7	10	0.23
种公猪舍	1.5	3.7	10	0.23

八、猪舍中微生物含量阈值

微生物存在的数目及种类，尤其是一些病原微生物，是造成环

境污染和猪疾病的重要因素。根据表 3-19 中数据可知，中国对于猪舍中细菌总数的阈值：保育猪舍和哺乳母猪舍≤4.0×10^4个/m³，生长育肥猪舍、空怀妊娠母猪舍和种公猪舍≤6.0×10^4个/m³；美国提出的细菌总数阈值为4.3×10^5CFU/m³。

表 3-19　不同国家猪舍中微生物含量阈值

国家	保育猪舍	生长育肥猪舍	空怀妊娠母猪舍	哺乳母猪舍	种公猪舍
中国（$\times10^4$ 个/m³）	4	6	6	4	6
美国（CFU/m³）	4.3×10^5	4.3×10^5	4.3×10^5	4.3×10^5	4.3×10^5

九、猪场工作人员有害气体阈值

人处于 0.002 5%氨气环境中会增加呼吸道疾病发病率，而在 0.001%氨气浓度时哺乳仔猪就会出现萎缩性鼻炎，0.001 5%时易导致猪感染呼吸道疾病。因此，氨气对人和猪的影响不能一概而论，其原因是暴露的时长有很大差异：工作人员在猪舍气体环境中为短时间间歇性暴露，而猪长期持续地生活在猪舍中。因此，一些国家和机构不仅提出了猪舍中气体环境的阈值，还规定了猪场工作人员有害气体的阈值（表 3-20）。美国政府工业卫生学家协会（AGGIH）和加拿大对于氨气、硫化氢、一氧化碳和二氧化碳等有害气体的标准是相同的，均为0.002 5%；而美国职业安全与健康管理署（OSHA）所规定的氨气阈值为 0.005%。

表 3-20　不同国家和机构猪场工作人员有害气体阈值

国家	氨气（%）	硫化氢（%）	一氧化碳（%）	二氧化碳（%）	颗粒物（mg/m³）
美国（AGGIH）	0.002 5	0.001	0.002 5	0.5	4
美国（OSHA）	0.005 0	0.002	0.005 0	0.5	10
加拿大	0.002 5	0.001	0.002 5	0.5	—

十、猪饲养环境有害气体控制

控制猪舍内有害气体、粉尘及细菌浓度，是保障猪群与饲养管理人员健康的关键。通风系统是降低猪舍内有害气体、粉尘及细菌浓度的最主要途径。机械通风条件下猪舍内硫化氢的浓度较低，主要有害气体为氨气。降低猪舍内有害气体、粉尘及细菌浓度的主要有三种途径：一是合理设计和使用通风系统；二是改善粪污处理方式；三是改变猪日粮营养成分和饲喂方式。机械通风依靠对进风口和风机的调节去除有害气体。自然通风系统则借助于外界的自然风向及猪舍内部气体的冷热差异产生的浮力作用，将猪舍内的有害气体通过与外界的气体交换排出舍外。

我国南方地区夏季天气炎热，猪舍多采用通风设备或湿帘降温的纵向通风模式，风机和湿帘（图 3-1）分别安装于猪舍的两相对端墙上，舍内纵向风速保持在 2m/s 左右，空气流通速度较大，猪舍内的氨气含量相对较低。冬季多采用吊顶进风口（图 3-2）或过道进风口（图 3-3）通风方式，风机在最冷天气保持最小风机单独开启，提供猪舍内的最小通风量，舍内风速较低，有害气体排放较慢，氨气浓度较高。有些北方地区猪舍在温度最低时，不开启风

图 3-1　降温湿帘

机，采用密闭式，为保持舍内温度，猪舍管理人员通常于中午温度稍高时开窗通风，这样易导致猪舍内氨气的大量滞留。冬季24h保持最小通风风机开启有利于将舍内氨气维持在安全限值以下，最小风机全天开启时的全天平均氨气浓度较不开风机保持密闭，或较中午温度稍高时开窗的通风管理模式低。此外，为了保障生物安全，建设标准较高的现代化养猪舍设计新风过滤设施，可有效阻断病原微生物。

图 3-2　吊顶进风口

图 3-3　过道进风口

在粪污处理方式上，集约化养殖场猪舍常采用深坑泡粪（图 3-4）和自动刮粪板（图 3-5）模式。深坑泡粪模式下，为了保证猪舍内的氨气浓度不过高，一般保持粪液面和漏缝地板之间的距离大于 30cm，降低粪尿表面的空气流动，且粪尿在坑内存留时间不宜过长。也可向坑内加足够的水以有效降低深坑中氨气的排放量，从而降低舍内的氨气浓度，但这会增大粪污处理利用压力。自动刮粪板模式一般采用专门的导尿管（图 3-6），将猪粪与尿、水分离，猪尿和污水及时通过导尿管进入处理系统；根据舍内的氨气浓度来控制刮粪板的开启，及时将分离后的猪粪清到舍外，从而达到降低舍内氨气浓度的目的。

图 3-4　液泡粪沟（排粪口塞）

图 3-5　粪沟刮粪板

图 3-6　刮粪系统导尿管

通过营养调控手段在饲料内添加合成氨基酸等降低饲料蛋白质水平，也可降低猪体内氨气排放和粪尿中的含氮量，从而减少猪舍内整体的氨气排放。采用液体饲料或湿拌料较干粉料、颗粒粉的饲喂方式可有效减少猪舍内的粉尘产生，降低猪呼吸道疾病的发生率。此外，定时彻底打扫猪舍、科学消毒等也是降低猪舍内粉尘及细菌浓度的有效方法。

十一、中国猪饲养气体环境参数阈值推荐

适宜的猪舍气体环境是保障猪高效健康养殖的重要条件。随着养猪业的发展，猪舍气体环境对猪群生产和健康的影响越来越受到人们的关注和重视。猪舍气体环境通常包括有害气体、粉尘、微生物这三类对猪群健康有较大影响的气体。当猪舍气体环境较差时，会对猪群健康和生产性能产生不利影响。制定猪饲养环境的气体环境参数限值（阈值）并将其用于实际生产管理，对于确保猪健康生长和高效生产均具有重要意义。以国内外各类文献数据和有关标准为基础，通过调研中国规模化猪场在不同季节条件下猪舍饲养气体环境实际参数值，并且结合国家重点研发计划项目子课题“猪舒适

环境的适宜参数与限值研究”相关研究结果，推荐中国集约化养殖猪舍适宜环境有害气体阈值（表 3-21），为我国养猪生产猪舍环境管理，以及猪舍气体环境参数研究和修订等提供参考。

表 3-21　中国集约化养殖猪舍适宜环境有害气体阈值推荐

猪群类别	氨气（mg/m^3）	硫化氢（mg/m^3）	二氧化碳（mg/m^3）	粉尘（mg/m^3）	细菌（$\times 10^4$ 个/m^3）
种公猪	11	6	2 300	1.5	6
妊娠母猪	11	6	2 300	1.5	6
哺乳母猪	10	5	2 100	1.2	4
哺乳仔猪	10	5	2 100	1.2	4
断奶仔猪	10	5	2 100	1.2	4
保育猪	11	5	2 200	1.2	4
生长育肥猪（kg）					
25～50	10	5	2 300	1.5	6
50～75	11	6	2 300	1.5	6
75～100	11	6	2 400	1.5	6
100～120	11	6	2 500	1.5	6

第四章
猪饲养光照环境

在猪日常生产管理中，相比于温度、湿度、有害气体和饲养密度这几种环境因子，光照常常被忽视。但是光照作为猪舍环境重要因素之一，直接影响猪的生物钟、生物节律、社会行为和整体活动，进而影响猪的健康状态、生产性能及动物福利等。因此，依据猪的视觉和需求来给予合理的光照是十分必要的，正确的光照主要取决于光照度、光照波长和光照周期。

第一节　猪舍光照环境对猪的影响

一、光照的作用

（一）杀菌作用

阳光中的红外线和可见光都具有光热效应，其中红外线和可见光的长波部分可调节猪机体的热机能。适当给予猪太阳光和热辐射，不仅可以让猪感觉舒爽，还可以杀菌、促进细胞成熟、杀灭某些喜阴性寄生虫，从而减少皮肤病的发生。

（二）补钙促生长作用

阳光中的紫外线具有较强的生物学效应，适当给予猪紫外线照射，可以将其皮肤中的7-脱氢胆固醇转变为维生素D_3，从而促进肠道对钙的吸收，利于骨骼的生长发育；同时紫外线可以改善机体代谢，有利于提高饲料转化率。夜间适当补充猪舍光照，便于猪的采食行为，增加营养的摄入，增强免疫力，促进生长发育，提高生产性能。

（三）促进母猪繁殖作用

光照是影响猪生长繁殖的重要生态因子之一。不同的光照条件对母猪机体激素水平如褪黑激素（melatonine，MT）、黄体生成素（luteinizing hormone，LH）和促卵泡激素（follicle-stimulating hormone，FSH）等，以及性腺发育有着重要作用，能影响母猪的初情启动和发情间隔，提高母猪生产效率，降低母猪非生产天数（NPD），对母猪后期繁殖性能的提升具有重要影响。强光有减慢猪体脂肪沉积的作用；暗光则使脂肪沉积加快。此外，强光也会引起猪兴奋、烦躁，增加猪的活动时间，从而严重影响猪的生长发育；弱光可以使猪保持镇静，但是猪反应迟缓会导致其体质状况变差。因此，提供母猪舍内合适的光照就显得十分重要。

（四）促进公猪性成熟作用

光照对后备公猪和成年公猪的性功能及配种繁殖性能皆具有较明显的影响。适当延长光照时间，有利于刺激小公猪性腺的发育，

促进其性成熟。每天给20周龄的小公猪补充光照时间，到26周龄时，补充光照组的小公猪性成熟率达37%；而同样的自然光照条件下，小公猪性成熟率仅为26%。与此同时，成年种公猪精子的总量与精液品质也与光照有明显的关系，过度的光照时间会抑制公猪精液的产生，同时增加精子的畸形率；适宜的光照环境可以促进公猪性欲的提升，增加精液的排出量，同时也有利于提高精液品质。

二、不同光照信息对猪的影响

（一）光照波长

1. 可见光与不可见光 根据波长的不同可以将光线分为可见光和不可见光。可见光是指电磁波谱中人眼可感知的部分，可见光没有精确的光谱范围，人眼能感知的光线波长在380～780nm。而猪感知的可见光谱范围为380～694nm，由于视锥细胞的敏感性差异，基于行为反应所得到的光谱灵敏度与可见光谱的灵敏度也存在差异。猪的光感受器对波长在439nm（蓝色）和556nm（绿色）之间的光较敏感，但对波长大于650nm（红光）的光不敏感。实际生产中猪大部分感光波长为380～580nm，当光照波长超过这个范围的时候，猪虽然可以感受到光照，但其感光敏感度快速下降。

2. 可见光颜色 在可见光范围内，不同波长的光线在人眼中呈现出不同的颜色，其中，红光波长为770～622nm、橙光波长为622～597nm、黄光波长为597～577nm、绿光波长为577～492nm、蓝光波长为492～455nm、紫光波长为455～350nm，眼睛看到的最长波长的光谱是红色，最短波长的光谱是蓝紫色。但对于不同动物而言，即使在同一波长范围内，其所看到的颜色也是不同的。

3. 可见光对母猪的影响 在可见光范围内，不同波长的光对于母猪的生长、发育及免疫功能具有不同的作用。母猪在绿光(530nm)条件下，其松果体内羟基吲哚一氧一甲基转移酶受到抑制，羟基吲哚-氧-甲基转移酶是N-乙酰-5羟色胺转化为MT过程中的关键酶。此外，相比于饲养在白光、全谱日光、紫外光条件下的后备母猪，红光将增加其松果体重量，抑制后备母猪的性腺发育，导致性成熟迟缓。虽然母猪有能力识别红光，但在猪的生理上红光环境等同于黑暗环境，无法刺激母猪的性成熟。因此，在母猪饲养过程中，通常将红光视为无用光。在光照试验中，黑暗条件下采集样品也常在红光照射下进行。而在生产中，白光是保持最佳生长性能和繁殖性能的最经济有效的光。

猪对450nm左右的光最敏感，同时感知这个波长的光是最亮的。不同的光源会影响猪接收到环境中的光亮度，与白炽灯相比，荧光灯更接近于自然光照。当光照度一样时，猪接收荧光灯的亮度是白炽灯的2倍。因此在设计猪舍光照时需要考虑光源，且光源不应偏向红光。照明灯建议放在猪的头顶上方，这样能让猪接受足够的光照。

4. 紫外光对母猪的影响 在不可见光中的紫外光也对母猪的生产与健康有着重要影响。波长为10～380nm的光线被称之为紫外光，在生活中一般常应用其杀菌和透视功能。在母猪生产过程中，紫外光对母猪生产繁殖性能的影响需进一步证明。相比白光照射，每天采用紫外光照射15～20min，母猪体增重提高20%。12h/d的紫外光照较8h/d自然光照条件下母猪排卵率和产仔数增加。

（二）光照周期

光照周期也可称为光照节律，是指昼夜周期中光照期和暗期长短的交替变化，在生产中常描述为每日光照时长或每日光照时长与黑暗时长之比（即L∶D)。不同国家或地区（美国、加拿大、新西

兰、欧盟）推荐猪舍的最短光照时长是8h/d。过长的光照时长会降低动物福利，造成猪生理和行为上的应激，导致不可知行为增加。相比于光照度，光照周期对猪的季节性影响更大。短光照周期所造成的影响是无法通过增加光照度来弥补的，而较长的光周期则会对猪的生产性能产生积极的影响。因此，要提高猪的生产性能，重要的是对每阶段猪的光照周期都进行优化。

1. 光照周期对仔猪与生长育肥猪的影响 光照周期对仔猪的影响主要是提升其生产性能和免疫功能。延长光照使仔猪肾上腺皮质功能增强，机体细胞免疫和体液免疫功能加强，提高抵抗力，增强仔猪消化功能，促进食欲，增加哺乳次数，增强机体合成代谢，进而提高仔猪成活率，增重加速。光照18h/d与12h/d相比，仔猪患肠胃疾病的概率减少6.3%～8.7%，死亡率下降2.7%～4.9%，日增重提高7.5%～9.6%。

无论在生长期或育肥期采用间歇光照，即14L∶10D或10L∶14D对猪的生产性能均无显著影响。在黑暗条件下饲养的育肥猪腹脂较多，增重较快，饲料转化率高。较24h光照（自然光照+12h白炽灯光照），自然光照12h和18h（自然光照+6h白炽灯光照）光照显著提高了体重50～80kg生长育肥猪的日增重，12h自然光照显著降低了生长育肥猪的料重比；在发病率方面，12h和18h光照显著低于24h光照组，提供适宜的光照周期对生长育肥猪的生产性能及机体抵抗力有积极作用。同时，育肥猪的光照管理趋向于光照时间短，光照强度低，以利于猪有更多的时间睡眠和休息。

2. 光照周期对母猪的影响 光照周期是影响后备母猪性腺发育和初情启动的关键环境因子之一，延长光照时间可以促进后备母猪的性成熟，缩短初情期日龄。此外，光照周期还能影响母猪子宫和卵巢的发育。饲养在长光照时间条件下的后备母猪，子宫、卵巢重量和卵泡体积均大于饲养在短光照条件下的母猪。给后备母猪提供适宜的光照周期有利于后备母猪机体促黄体激素等性激素的分泌，从而促进卵巢和卵泡的发育，有利于后备母猪性成熟，对母猪繁殖器官的发育有积极作用，最终可以使后备母猪的初情日龄提前。而在完全黑暗环境下，母猪生殖系统发育将受到抑制，从而影响后备母猪性成熟和初情的启动。

光照周期对经产母猪的影响主要表现在繁殖性能方面，长光照周期对缩短母猪断奶至发情间隔、降低母猪泌乳期体重损失、增加母猪泌乳量和断奶仔猪数及断奶仔猪重有积极效果。此外，光照周期与公猪的繁殖性能也存在紧密联系。与后备母猪不同的是，长时间的光照会对公猪的繁殖性能产生不利影响。光照时间的延长会导致公猪精子总量和精子密度降低，精液品质受到严重影响。而适当降低公猪接受光照时间有利于精子密度和有效精子数的提升，同时降低精子畸形率。

（三）光照度

光照度代表光的亮度，只有当光照度或光照时间高于某一阈值时，光照才会影响猪体内褪黑素的产生，进而调控相应生理活动。当光照度处于1～40lx时，其波动对褪黑素的波动幅度或持续时间无显著影响，改变光照周期比改变光照度对猪的季节性生产更重要。欧洲针对猪舍的照明方法规定光照度至少为40lx。目前，大多数研究也确实表明猪会表现出对特定光照度的偏好，但这些研究的结果却并不完全一致，因此需要对猪的每一个生长阶段进行深入研究，以期提出正确的光照度建议。

1. 光照度对生长育肥猪的影响 光照度对仔猪的影响主要作用在仔猪的免疫功能和营养物质代谢等方面。在相同光照时间（18h/d）条件下，提高光照度（10lx、60lx、100lx）可使仔猪发病率下降24.8%～28.6%，存活率提高19.7%～31.0%，日增窝重提高0.9～1.8kg。但当光照度增至350lx时，其效果显著降低，光

照度过大会对仔猪造成不利影响。

光照度太低对育肥不利，与光照度为40lx的自然光照相比，给予育肥猪5lx的光照度，猪日增重和机体抵抗力显著降低，当光照度增加到40～50lx后，育肥猪的代谢恢复正常，日增重提高，机体抵抗力恢复。但目前研究光照度对育肥猪的影响尚无一致观点。值得一提的是，光照度与光照周期一样，对育肥猪的生长和健康有着重要影响，因此育肥猪的光照管理亦十分重要。

2. 光照度对母猪和公猪的影响 不同的光照度对母猪的繁殖性能具有一定的影响。在12L∶12D的光照周期下，明亮环境(433lx)较昏暗环境（11lx)，母猪的发情持续时间有增加的趋势。杂交后备母猪分别饲养在光照度为1 200lx、360lx、90lx（自然光照度）和<10lx（限制光照度）的环境下，270日龄内发情母猪的比例分别为50.0%、62.5%、75.0%和12.5%；自然光照度和增加光照度对后备母猪初情期的启动无显著影响，但当光照度小于10lx时，显著推迟了后备母猪的初情期。这说明光照度对后备母猪初情期的影响存在一定的阈值，当光照度达到母猪眼睛对光照敏感的阈值时，继续增加光照度对母猪的初情期无影响；若光照度达不到阈值，即使延长光照时间也无效。这可能是导致不少学者认为猪对光照变化不敏感的原因。在12L∶12D的光照周期下，不同光照度（40lx、200lx、和10 000lx）下后备母猪血浆MT含量无显著差异。这表明当光照度超过40lx时，光照度对于MT的分泌无显著影响。能使母猪对光照产生敏感的光照度阈值可能为10～40 lx。在16L∶8D的光照周期下，与100lx光照度相比，50lx光照度环境下有降低后备母猪初情体重的趋势，且50lx能显著降低后备母猪血清MT浓度水平，MT对后备母猪性腺轴发育有抑制作用。

同时，光照度对于种公猪的生长与健康也存在重要的影响，适当提高光照度有利于改善精液品质。在8～10h/d的相同光照时间下，光照度由8～10lx增加到100～150lx，公猪射精量和精子浓度均显著增加。18h/d 光照时间（18L：6D），与自然光照相比，100lx 和 150lx 光照度可显著提高种公猪免疫细胞数量和血红蛋白浓度，然而 50lx 光照度效果则不同。

三、光照对不同阶段猪的影响

（一）断奶仔猪

适宜的光刺激会引起神经内分泌系统发生变化，降低仔猪患病概率，提高仔猪存活率。给予断奶仔猪长光照或提高光照度，可促进平均日采食量，提高日增重，减少维持能量，提高机体物质代谢，降低饲料报酬，还可提高仔猪免疫功能，降低疾病的发生率及死亡率。其原因是光照通过视神经系统刺激仔猪，减少仔猪 MT 和其他抑制性神经递质分泌，增加仔猪采食活动，延长仔猪采食时间，提高其消化吸收能力。光照制度可以作为仔猪断奶后促进采食量的一种方法。14 日龄、21 日龄、28 日龄断奶仔猪在长光照（16h/d）时的日增重和免疫性能均高于短光照，且 28 日龄断奶并给予 16h/d 光照的仔猪其生产性能和免疫功能得到最大的改善。仔猪断奶初期延长光照可缩短仔猪适应采食固体饲料的时间，增加平均日采食量，提高平均日增重，改善料重比。

（二）生长育肥猪

对于生长育肥猪，略高于阈值的光照度即可满足其生理需求，过强的光照会产生光应激，猪会表现出焦躁不安、呼吸和血液循环机能紊乱，出现皮炎、角膜炎、结膜炎等症状，从而导致猪生产性能降低。在 12h/d 光照（12L：12D）条件下，发现光照度大于 40lx 阈值后，增加光照度对育肥猪生长性能、胴体指标无显著影响。提高光照度在一定程度上可增强育肥猪的抵抗力，增加育肥猪的活动时间，加速脂肪水解，降低脂肪沉积。由此可以推断，适度增加光照度可提高猪胴体瘦肉率，减少脂肪沉积，改善胴体品质。然而过度地增加光照度不利于猪的生长。小型猪在 2 500lx 的光照下持续饲养 4 周后，体重下降 20%，眼睛受到一定程度的损伤，其原因可能是过强光照造成猪不舒适感、减少了采食或是极端光照度使猪产生了生理应激。因此，生长育肥猪舍内的光照度以不影响猪的采食和睡眠的情况下，便于饲养人员正常工作即可。

适当延长光照时间可提高育肥猪生产性能。给育肥猪 14h/d 光照时长（光照度为 70lx）较 10h/d 光照时长，其日增重及饲料转化效率均提高，休息行为增多，同时过分嗅探等异常行为减少。延长光照时间（8h/d、16h/d，40lx）提高了猪的生产性能，但对肉品质、火腿品质及皮下脂肪的脂肪酸组成没有显著影响。只要给予猪适当的黑暗期，即使是在较低的光照度下，增加光照的持续时间依然有利于育肥猪的生长，且不会对动物的行为、胴体性状、肉品质产生不利影响。

（三）后备母猪

光照对于后备母猪的繁殖性能具有重要作用，延长光照时间可以促进后备母猪的性成熟，缩短初情期日龄。密闭条件下饲养的后备母猪的初情期日龄和体重均大于非密闭条件下饲养的后备母猪。饲养于密闭圈舍内的后备母猪的初情期日龄较舍外饲养的后备母猪大。这可能是由于封闭圈舍条件下饲喂的母猪接触光照的时间受到了限制。光照对于后备母猪初情期日龄的影响主要表现为光照周期的不同。与自然光照相比，荣昌母猪补充光照时间到 16h/d，初情期提前了 18.5d。长光照时间对母猪发情高峰期的血液促黄体生成素（LH）含量也有显著影响，说明光照可能通过调节机体性激素的分泌而影响后备母猪的繁殖性能。与完全黑暗组相比，103.7 日龄的约克夏后备母猪在 18 h/d 人工光照（950lx）和 9.0～10.8h/d 自然光照下的初情期日龄显著缩短，母猪的黄体数显著增加。完全黑暗条件和短光照时间均不利于后备母猪初情期的启动，光照时长在 16h/d（16L∶8D）和 18h/d（18L∶6D）条件下能显著缩短后备母猪的初情日龄。当光照周期从 10L∶14D 延长至 16L∶8D 时，能有效提高后备母猪饲料利用率，降低料重比，且后备母猪发情率从 86.36%提高到 91.67%。

光照周期对后备母猪性成熟的作用效果可能与季节存在一定的联系。饲养于 8 月到 1 月期间的后备母猪补充光照时间至 15h/d (300lx)，且与成熟公猪接触，初情期比只接触公猪而不额外补充光照时间的后备母猪提前 20d；而饲养于 2 月到 7 月期间的后备母猪，补充光照对初情期日龄与自然光照间无显著差异。这可能是由于 2 月到 7 月期间，光照时间和温度呈逐渐上升的趋势，母猪接受自然光照时间接近于补充光照时间所致，光照周期对后备母猪的影响可能存在季节性。与 9 月相比，在 3 月后备母猪的初情期日龄有缩短的趋势，光照周期对后备母猪初情期启动的作用可能受到不同季节的影响，但目前关于不同季节光照周期对母猪繁殖性能的影响仍缺乏系统的研究。因此，开展不同季节母猪适宜光照条件的系统研究对提高母猪的繁殖性能具有重要意义。

（四）经产母猪

光照周期对经产母猪繁殖性能的影响主要表现在母猪泌乳期失重、断奶至发情间隔时间和断奶仔猪生长性能等方面。当泌乳母猪长期处于 16L∶8D 的长光照周期时，母猪断奶至发情间隔时间显著缩短。母猪分别在 1h/d（1L∶23D）和 16h/d（16L∶8D）的光照周期下饲养，与 1L∶23D 光照周期相比，16L∶8D 光照周期时

母猪断奶至发情间隔时间缩短 4d，且母猪的泌乳期体重损失降低。分娩前 1 周给母猪提供 16L∶8D、8L∶16D 光照周期和间断光照周期（8L∶8D∶2L∶6D 和 8L∶4D∶8L∶4D），均对断奶至发情间隔时间无显著影响，但长光照周期可显著提高母猪泌乳量，断奶仔猪数和断奶仔猪重增加，这可能是由于长光照周期能刺激母猪催乳素（prolactin，PRL）的分泌，增加泌乳量，提高哺乳频率，从而增加断奶仔猪重。与 8h/d 光照时间相比，16h/d 光照时间显著提高了母猪哺乳次数、断奶仔猪数和断奶窝重。光照对泌乳期仔猪生产性能的提高作用是通过改善母猪的泌乳性能实现的，但其具体机制尚不清楚，有待研究者对此进行深入研究。

也有研究发现光照周期对母猪的繁殖性能有负面影响或无显著影响。将约克夏母猪分别饲养于 24L∶0D、12L∶12D 和 0L∶24D 的光照周期下，发现长光照周期显著延长了发情持续时间，但对母猪的受胎率、产仔率、产仔数和断奶至发情间隔时间均无显著影响，对 LH、雌激素、孕酮等激素的分泌也无显著影响。光照时间对泌乳母猪血浆 LH、FSH 和雌二醇含量无显著影响，且长光照时间可能对断奶后发情有不利影响。1 月和 7 月期间，长光照时间（16h/d）母猪在断奶后 10d 内发情的比例比短光照时间（12h/d）低；7 月，母猪的泌乳体重损失、断奶仔猪重和母猪泌乳期血浆 FSH 含量均高于 1 月，这表明光照周期对母猪繁殖性能的影响也同样存在季节性。

（五）公猪

适当延长光照可促进后备公猪的性腺发育，使其性成熟日龄提前。当后备公猪在 20 周龄时开始延长光照，至 26 周龄时，有 73%的公猪能采出精液；而自然光照组下仅有 26%的后备公猪能采出精液，表明适当延长光照时间，可促进后备公猪的性腺发育和性成熟。

光照时间的长短也影响着成年公猪精子生成和精液质量，影响的指标主要包括射精量、精子密度、有效精子数、畸形率等，光照时间与精液品质之间的关系如表 4-1 所示，随着光照时间的延长，精子的总数和密度逐渐降低，精液品质受到严重影响。8～10h/d 的光照条件下，精子密度和有效精子数最高，畸形率最低。

表 4-1　光照对精液品质的影响

精液品质	光照时间（h/d）			
	8～10	12～14	14～16	16～17.5
采食量（mL）	132.9	161.7	143.3	129.1
精子密度（$\times10^8$ 个/mL）	0.352	0.302	0.287	0.316
运动精子数（$\times10^8$ 个）	38.9	36.4	31.2	33.0
标准剂量（头份）	7.8	7.3	6.2	6.6

资料来源：刘志武，1995。

光照 8～10h/d 时，公猪畸形精子数最少；光照 12～14h/d、14～16h/d 和 16～17.5h/d，公猪畸形精子率比光照 8～10h/d 分别增加 1.3%、6.3%和 5.5%。从 3 月至 9 月末保持光照 8～10h/d，在自然光照条件下，杜洛克（2～3 岁）公猪在春、夏季性欲降低，有时还会出现拒绝爬跨现象，精子的生成量也明显下降。而在人工光照制度下，公猪在夏季也获得了很高的精子总数，且公猪性欲旺盛，采用人工光照制度，可使一头公猪一年增加 191 个标准剂量的精液量。增加的这些精液可提供 100 头母猪的人工授精需要。所以在春、夏季将光照时间减至 8～10h/d，光照度 100～150lx 可大大提高公猪繁殖性能。

第二节　国内外猪饲养光照环境参数

一、国内外猪饲养光照环境参数标准

《规模猪场环境参数与环境管理》（GB/T 17824.3—2008）推

荐猪舍采光人工光照参数：生长育肥猪舍光照度30～50lx，光照时长为8～12h/d；种公猪舍、空怀妊娠母猪舍、哺乳母猪舍和保育猪舍光照度均为50～100lx，光照时长为10～12h/d。

有报道针对不同生长阶段猪舍的光照环境参数提出了相关建议：后备母猪舍光照度为270～300lx、光照时长以10～12h/d为宜；配种猪舍光照参数以150～200lx、10～12h/d为宜；妊娠母猪舍或哺乳母猪舍光照度为50～100lx，光照时长为8～10h/d；保育猪舍和育肥猪舍以50～100lx光照度和8h/d光照时长为宜。

不同国家或地区推荐的最低光照度值略有不同。加拿大及英国防止虐待动物协会（Royal Society for the Prevention of Cruelty to Animals，RSPCA）针对福利要求推荐猪舍中光照度最小值为50lx；除德国要求猪舍的光照度需达到80lx外，欧盟等国家根据养猪福利法推荐的最小光照度为40lx。

美国农业生物工程学会提出不同生长阶段猪的光照环境参数：当给予后备母猪舍和配种猪舍100lx以上的光照度及14～16h/d的光照时间，对后备母猪情期启动有促进作用；为刺激母猪发情，妊娠母猪舍光照度为50lx以上，光照时间以14～16h/d为宜；哺乳母猪舍建议光照度为50～100lx，光照时间为8h/d；保育猪舍与育肥猪舍建议光照度为50lx，光照时间为8h/d，哺乳母猪舍及保育猪舍在夜晚时应当注意将舍内光照度调低。

在加拿大，针对现代化规模猪场，建议配种猪舍光照度为108～161lx，光照时间为14～16h/d；妊娠母猪舍光照度应大于54lx，光照时间应为14～16h/d，这与美国农业与生物工程学会标准一致；哺乳母猪舍、保育猪舍和育肥猪舍光照度推荐值分别为108～161lx、54～108lx和54lx，光照时间以达到8h/d为宜。

综上所述，各地对于不同猪舍光照环境有了相应的推荐值参数，但是目前并没有统一的结论。总的来说，猪舍光照环境对不同生长和生理阶段猪的生产和健康有一定的影响，但相对于温热环境而言，猪舍光照环境对养猪生产的影响相对较小，且目前并没有很有说服力的研究结论。

二、中国猪饲养光照环境管理与参数推荐

（一）光源设备

由于白炽灯能耗大，经济效益低，在猪舍现代化建设进程中已逐渐走向淘汰。目前猪舍中主要使用的节能灯和直管荧光灯都具有较好的节能性和经济性，但大多数猪舍并没有配套合适的防水、防尘、防爆灯罩。由于猪舍环境相对较差，暴露在这样的环境中使得灯具的使用寿命极大地缩短，且增加了猪舍危险系数。目前人工光照普遍在猪栏或过道上方配备三防灯罩及100%照明无闪光的荧光灯或LED灯，不同类型的猪舍灯与地面及猪背的距离有所不同。后备母猪舍、妊娠母猪舍、哺乳母猪舍、保育猪舍、育肥猪舍、公猪舍每平方米的灯泡个数分别约0.06、0.04、0.07、0.06、0.05、0.12，每平方米安装灯瓦数分别约为4.7、1.8、3.1、0.1、0.1、3。

（二）中国猪饲养光照参数推荐

1. 光照周期　猪饲养光照环境首先取决于猪舍窗户结构大小、猪舍面积与照明设施。根据光照周期和季节日照时长变化，饲养管理过程中通过及时调整人工光照时长来控制光照环境，基本达到如表4-2所示光照周期。

2. 光照度　目前大型养殖场对于保育和生长育肥猪采用全封闭式饲养管理，导致自然采光不足。因此，有必要配备足够的照明设备。对于后备母猪，在完全黑暗的环境下会延迟母猪的发情，但

光照度对后备母猪繁殖性能的影响存在一定的阈值，当光照度超过这个阈值，光照度的增加将不会对后备母猪性激素的分泌和性腺发育产生作用。适宜光照度可促进母猪提高采食量和泌乳量，缩短母猪断奶至发情间隔，提高母猪的繁殖性能；也可促进后备公猪性腺发育和性成熟，提高成年公猪精子总量及密度，降低精子畸形率。

为保证猪的正常采食及生理需求，且满足工作人员对猪群的管理，促进公猪的生长发育，根据现有研究结果和相关标准，结合国家重点研发计划项目子课题“猪适宜环境参数研究”（2016YFD0500506）相关研究结果，并考虑实际生产中的节能环保等因素，提出中国规模化猪舍光照度推荐值（表 4-2）。

表 4-2　中国规模化养殖不同猪舍光照环境参数推荐值

猪舍类型	光照度（lx）[1]	光照周期（L：D）[2]
后备母猪舍	50～100	16L：8D
公猪舍	100～150	8～10L：16～14D
配种猪舍/妊娠母猪舍	>50	14～16L：10～8D
哺乳母猪舍	50～100	16L：8D
保育猪舍	50	8L：16D
生长育肥猪舍	50	8L：16D

注：[1]在猪眼部检测到的光照度；

[2]光照周期表示为光照时长（L）与黑暗时长（D）之比。

非全封闭式猪舍根据自然光照时长变化，通过调节照明灯开关时间补足光照。

第五章
猪饲养密度与动物福利

饲养密度是指动物在一定空间范围内的密集程度，通常用单位面积的载畜量或单位数量家畜占有的生活空间面积表示。饲养密度是规模化养殖中重要的生产工艺参数，一方面关系到养殖生产成本，另一方面对动物生产性能、健康和福利水平等产生显著影响。随着生产集约化的不断发展和饲养规模的不断扩大，为了节约空间，实际生产中往往会增大猪的饲养密度以追求单位面积高产。但有限且单调的生活空间往往对养猪生产带来诸多不利影响，包括生产性能降低，行为、福利及生理健康状况不佳等。在全球动物福利越来越受关注、养猪生产从一味追求高产向质量效益过渡的大背景下，很多国家都制定了猪的饲养密度标准，对不同生长阶段猪的圈栏面积指标进行了规定。在动物福利立法等驱动下，对于新型养猪模式下（特别是群养模式）的适宜饲养密度参数的研究也不断增多。

第一节　饲养密度对猪的影响

一、饲养密度对生产性能的影响

饲养密度对猪的采食量、体重增长及饲料转化效率均会产生一定影响。在群养条件下（图 5-1），当饲养密度过高时，猪的采食竞争压力增大，特别是在限饲的饲养方式下，群体位次较高的猪往往优先采食、位次较低的个体则采食量不足，导致强的越来越强壮，弱的则越来越瘦弱，加剧个体之间的差异，出栏均匀度较差。同时，饲养密度还会通过影响猪的采食规律进而对生产性能产生影响。例如，随着饲养密度的增加，猪群平均采食时间和采食次数相应减少，采食高峰出现偏差，进而影响生产性能。此外，高密度条件下所引起的应激反应会促进交感神经活化，促进儿茶酚胺和糖皮质激素的释放，导致机体新陈代谢加快，进而影响育肥效果，生产水平降低。

图 5-1　猪大群饲养

二、饲养密度对行为和福利的影响

行为是动物福利水平和机体健康状态直观的外在表现形式。猪是社会性较强的动物，群居生活会带来一定的好处，如群居的竞争性可促进互相采食，增加安全感、缓解外界环境改变引发的环境应激，低温条件下可以互相取暖等。但是饲养密度过大容易导致猪的活动空间和采食空间减少，很多自然行为受到限制，如嬉戏、奔跑、社交等，同时会产生很多异常行为，如刻板、咬栏、玩水行为等。特别是在规模化养殖条件下，饲养密度过高会影响猪的各种行为发生的时长和频次。随着饲养单元群体数量和饲养密度的提升，打斗能力强、社会等级高的猪会得到资源优先权，采食时间长，更容易获得满足感；而打斗能力弱、社会等级低的个体则在采食的竞争中处于劣势地位，加剧了个体之间的差异。另外，个体之间打斗行为，多发生在采食阶段，导致采食和躺卧时间减少，生产性能下降。猪群在高密度、单调圈栏环境下，很多自然行为无法得到表达，正常的行为模式发生变化，异常行为增加，这是其生理、心理状况下降的外在表现。为了缓解有限空间和单调环境对行为等的不利影响，畜牧业发达国家通过制定一系列饲养密度标准来规范规模化生产，同时要求养殖业者提高圈栏环境丰富度，如铺设垫草、设置玩具等（图 5-2），旨在通过增加猪在圈栏中的行为选择来改善其单调行为发生率，进而提高猪的福利水平。

图 5-2　猪栏中添加垫草、木棍

三、饲养密度对生理和健康的影响

改善猪的健康是提升动物福利的基本要求。生理健康状况不仅直接关系到猪群的采食饮水状况，进而影响生产性能，而且通过一系列生理反应对猪肉品质产生影响。猪的某些行为的改变、生理参数的变化等可以反映其健康与福利水平。猪在高饲养密度环境下体表温度会升高、心率和呼吸频率显著加快，说明在该环境下猪的体表散热能力和心理状态明显受到影响。生理指标主要包括体表温度（眼部温度、耳根温度和直肠温度等）、心率、呼吸频率、激素水平和免疫指标等。虽然这些指标能够从一定程度上反映机体生理状态，但是受到采样来源、采样方法等影响，往往在测量结果上并不能达到一致的效果。

在应激条件下，动物机体会释放一系列糖皮质激素，其中包括皮质醇、肾上腺激素等。随着饲养密度的增大，猪的血清、粪便或唾液中皮质醇浓度明显升高，说明饲养密度过大会导致猪应激水平升高，形成“应激性综合征”，猪长期处于这种环境中容易造成免疫力下降，发病率升高。密度过大还会使猪之间的接触挤压增加，容易增加猪胃溃疡的发病率。此外，随着饲养密度的增加，血清中胆固醇浓度明显升高，说明饲养密度通过影响机体内能量物质的代谢和转化进而影响猪健康状况。总体而言，关于饲养密度对猪生理影响的研究随着近些年动物福利问题不断受到关注而逐渐深入，相关影响机理的研究也在逐渐增多。

第二节　国内外猪饲养密度参数

饲养密度与猪生活环境和福利的改善密切相关，对猪的生产性能、行为和生理健康等方面均会造成不同程度的影响，合理的饲养密度参数对于实际生产至关重要。在普遍重视动物福利的大背景下，畜牧业发达国家通过动物福利立法等方式对圈栏面积、空间环境等进行了规定。我国在规模化养殖进程中也逐渐形成符合国情的产业技术与标准体系，其中就包括规模养猪生产饲养密度标准等。

一、国内猪饲养密度标准

对于适宜的规模化猪场饲养密度，我国先后于 2007 年和 2008 年制定了行业标准［《标准化规模猪场建设规范》（NY/T 1568—2007）］和国家标准［《规模猪场建设》（GB/T 17824.1—2008）］。如表 5-1 所示，国家标准规定的空怀妊娠母猪、哺乳母猪和生长猪的适宜占地面积高于对应的行业标准，而后备母猪的占地面积相比则较低。对于生长育肥猪，行业标准针对生长阶段和育肥阶段分别制定不同的密度范围，而国家标准则将两个阶段合在一起并制定更为宽泛的饲养密度范围。

表 5-1 国家标准与行业标准饲养密度对比（m^2/头）

猪群类别	国家标准	行业标准
种公猪	9.0～12.0	8.0～12.0
后备公猪	4.0～5.0	—
空怀母猪	—	1.3～1.5
妊娠母猪	2.5～3.0	1.8～2.5
哺乳母猪	4.2～5.0	3.8～4.2
后备母猪	1.0～1.5	1.5～2.0
保育仔猪	0.3～0.5	0.3～0.4
生长猪	0.8～1.2	0.6～0.9
育肥猪	0.8～1.2	0.8～1.2

二、国外猪饲养密度标准

动物福利问题在欧洲较早受到关注，畜牧业发达国家针对动物福利问题先后制定了相关标准和法令，包括健康养殖工艺参数、配套设施设备规格尺寸等。欧盟规定从 1991 年 1 月 1 日起逐步将母猪的限位饲养过渡为舍饲散养，并于2013年1月1日前完成改造；从2016年1月1日起，欧盟各成员须完全禁止母猪的拴系饲养。欧盟及其主要国家针对不同阶段和体重范围明确规定了猪的最小占地面积（表5-2），通过强制措施保证猪的基本生活空间和动物福利，大部分欧盟国家规定的饲养密度范围与欧盟标准基本相同。体重110kg以下生长育肥猪饲养密度不超过0.8m²/头，体重大于110kg育肥猪饲养密度为1m²/头；荷兰对于体重50～110kg育肥猪所规定的最小占地面积要高于欧盟和英国、丹麦的标准；配种初产母猪饲养密度为1.64m²/头，经产母猪饲养密度为2.25m²/头；英国（6m²/头）和丹麦（10m²/头）对公猪的饲养密度规定稍有差异。

表5-2 欧盟与欧洲主要国家猪饲养密度标准

猪群类别	欧盟（m²/头）	英国（m²/头）	丹麦（m²/头）	荷兰（m²/头）
仔猪与生长育肥猪（kg）				
≤10	0.15	0.15	0.15	0.20
10～20	0.20	0.20	0.20	0.20～0.30
20～30	0.30	0.30	0.30	0.30
30～50	0.40	0.40	0.40	0.50
50～85	0.55	0.55	0.55	0.65
85～110	0.65	0.65	0.65	0.80
>110	1.00	1.00	1.00	1.00
配种初产母猪	1.64	1.64	—	—
经产母猪	2.25	2.25	2.25	2.25
种公猪	—	6	10	—

表5-3和表5-4分别为美国和加拿大对不同阶段和体重范围猪饲养密度的相关规定。加拿大对于适宜饲养密度参数的制定主要基于经验公式：$A=k \cdot W^{2/3}$（A，占地面积；W，猪体重），根据不同阶段猪的体重和适当的k值来确定合理的占地面积。同时，加拿大主要针对不同的设施类型（地板类型）对不同体重和阶段猪占地面积的最小值和推荐值均有明确规定，相比而言，美国标准则更为宽

泛。对于保育猪和生长育肥猪适宜占地面积，美国标准普遍高于加拿大标准规定的最小值，总体而言，美国和加拿大对于保育猪和生长育肥猪饲养密度规定差异不大。

表 5-3　各生长阶段猪饲养密度规定推荐值（美国）

猪群类别	饲养密度（m^2/头）
仔猪与生长育肥猪（kg）	
≤18	0.23～0.36
18～45	0.36～0.54
45～68	0.54～0.72
≥68	0.72～0.90
哺乳母猪	3.15～6.75
妊娠母猪	1.35
种公猪	1.35～3.60

表 5-4　猪群饲养密度参数的相关规定（加拿大）

猪群类别	最小值（m^2/头）	半/全漏缝地板推荐值（m^2/头）	垫料实体地面推荐值（m^2/头）
断奶仔猪（kg）			
10	0.16	0.18	—
20	0.25	0.29	—
30	0.32	0.38	—
生长育肥猪（kg）			
40	0.39	0.46	—
50	0.46	0.53	0.61
60	0.51	0.60	0.69
70	0.57	0.66	0.77
80	0.62	0.73	0.84
90	0.67	0.78	0.91
100	0.72	0.84	0.97
110	0.77	0.90	1.03
120	0.82	0.95	1.10
130	0.86	1.00	1.16

（续）

猪群类别	最小值（m^2/头）	半/全漏缝地板推荐值（m^2/头）	垫料实体地面推荐值（m^2/头）
140kg	0.90	1.05	1.22
150kg	0.95	1.10	1.27
空怀母猪	1.4～1.7	—	1.5～1.9
妊娠母猪	1.8～2.2	—	2.0～2.4
后备/妊娠母猪（群养）	1.7～2.1	—	1.9～2.3
种公猪（kg）			
135	1.5	—	—
180	1.9	—	—
≥225	2.2	—	—

通过比较不同国家和地区饲养密度标准，可以看出国外标准主要根据猪的不同体重范围对饲养密度的限值或推荐值进行了明确的规定，且部分国家的标准实施具有强制性（如欧盟）。我国相关标准则主要是针对猪的不同生长阶段制定适宜的饲养密度范围，对实际生产起推荐指导作用。同时，相关标准对猪生长阶段的界定比较模糊，制定出的饲养密度范围更加宽泛，如生长育肥阶段，加拿大标准根据猪的不同体重制定了 12 个适宜饲养密度范围，而相应体重阶段我国国家标准推荐的饲养密度范围唯一（0.8～1.2m^2/头），宽泛的饲养密度范围无法满足我国当前生猪集约化生产的需求。因此，有必要根据不同生长阶段的猪对空间大小的需求以及对生产的影响，结合具体的生产工艺和配套设备，对各生长阶段猪适宜饲养密度范围进一步研究，细化和完善我国饲养密度相关标准。

三、猪饲养密度管理

饲养密度是现代规模化养猪生产重要的工艺参数，也是衡量生产集约化程度的重要标准。猪饲养密度参数的大小和动物福利水平息息相关，当前我国养猪产业处于关键转型期，过去的小规模零散型饲养逐渐被大型集约化企业生产取代，猪群饲养群体规模和密度不断增大，在单调拥挤的环境条件下，猪群福利问题凸显，面对这一问题，畜牧业发达国家通过相关立法或标准，要求养猪企业、农场主等在保证最低饲养面积的同时提高养猪圈栏环境丰富度，如铺设垫料，设置拱料、咬链、橡胶玩具（图 5-3）等，增加猪行为选择多样性，改善猪群福利水平。目前，国内部分企业也在借鉴相关方法，但推广程度有限，更多是从营养、保健等方面改善猪的健康福利水平。生产中主要通过调整圈栏大小和单栏群体规模改变饲养密度水平，通常而言，不同阶段、不同类型猪群适宜饲养密度与生理阶段、群体规模、圈栏地面类型等有关。下面以我国某规模化商业猪场为例分析饲养密度和动物福利管理方法与效果。

图 5-3　生长猪栏内设置玩具

不同类型猪舍通过配套养猪圈栏和群体大小实现相应的饲养密度水平，新建设猪场各猪舍圈栏地面较多采用半漏缝地面形式，漏缝地板面积与实体地面面积约为 3∶7，漏缝地板板缝宽度根据不同类型有所差异，其中后备母猪、保育猪和生长育肥猪采用群体饲养（图 5-4），妊娠母猪仍多采用限位栏饲养（图 5-5），采用定时限量饲喂的管理方式，在母猪产前 1 周左右转入分娩猪舍，单窝饲养。

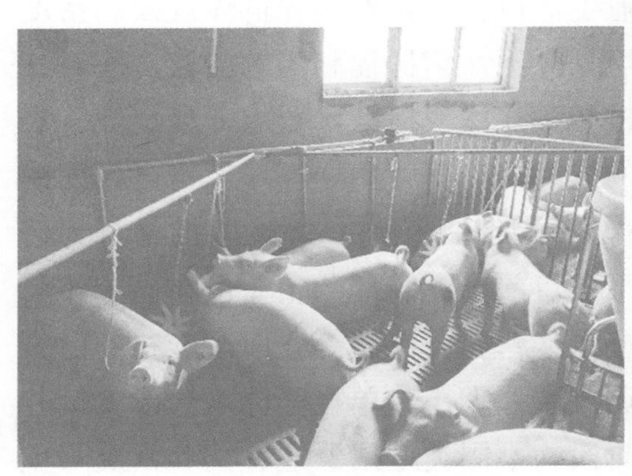

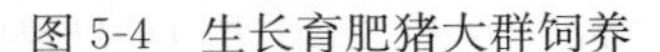

图 5-4　生长育肥猪大群饲养

图 5-5　妊娠母猪限位栏饲养

四、中国猪饲养密度参数推荐

关于规模化猪场饲养密度适宜参数的研究早已开始，随着生产规模的不断扩大和工艺技术的演进，猪对空间环境的需求也在发生变化。本章在前两节国内外规模化猪舍饲养密度研究数据和现行相关标准的基础上，结合国家重点研发计划项目子课题"猪适宜环境参数研究"（2016YFD0500506）相关研究结果，归纳出中国集约化猪舍适宜饲养密度及群体规模的推荐范围（表 5-5），表中数据主要依据相关调研和现场试验研究结果，结合我国当前主要养猪工艺技术，以提高猪只健康福利和生产水平为目标而制定的。在实际生产过程中可根据当地气候类型、地理位置、生产管理水平等实际情况对相关密度水平和群体规模进行适当调整。此外，群养猪适宜饲养密度大小与其群体规模密切关联，由于不同群体大小下单个猪只所占用公共空间不同，能满足其空间需求的单体占地面积也随之变化，欧盟相关标准已经规定群养母猪群体大小不足 6 头时单体占地面积比规定的增加 10%，当群体多于 40 头时单体占地面积则相应减少10%。此外，合理的饲养密度范围还取决于猪场的环境调控技术、饲养管理、工程配套等，集约化程度较高的猪舍可适当增加饲养密度以满足工厂化生产需要，集约化程度较低情况下为了保障猪的健康福利水平，需要通过降低饲养密度或群体规模加以平衡。当前，在福利养殖的大背景下，提升猪舍圈栏内环境丰富度逐渐成为一种重要的饲养管理措施，通过铺设垫料、锯末，设置咬链、玩具等来增加猪在圈栏内的行为选择，减少争斗、咬尾等异常行为；同样作为提升猪福利水平的一种方式，一定数量的玩具在高密度环境下所发挥的作用要高于在低密度环境下，玩具设置有利于降低猪对空间大小的需求，在相同条件下可适当增加饲养密度，提升工厂化水平。

表 5-5　中国集约化养殖猪舍舒适环境饲养密度参数推荐

猪群类别	每栏饲养头数	每头占栏位面积（m^2）
种公猪	1	9.0～12.0
后备公猪	1～2	4.0～5.0
后备母猪	5～6	1.0～1.5
空怀、妊娠母猪（大栏）	4～5	2.5～3.0
空怀、妊娠母猪（限位栏）	1	3.5～3.7
哺乳母猪	1	4.2～5.0
保育仔猪	20	0.4～0.5
生长育肥猪	12～30	0.7～1.2
生长猪（25～50kg）	25～30	0.7～0.9
生长猪（50～75kg）	20～25	0.8～1.0
育肥猪（75～100kg）	15～20	0.9～1.1
育肥猪（100～125kg）	12～15	1.1～1.3

第六章
猪饲养环境管理案例

第一节　四川德康农牧食品集团股份有限公司猪饲养环境管理案例

一、企业基本情况

四川德康农牧食品集团股份有限公司（以下简称“德康集团”）坚持“用食品思维做养殖，用健康思维做食品”，深耕于现代农牧业和高端食品产业。目前，德康集团拥有2家农业产业化国家重点龙头企业，旗下三大业务板块分别是生猪养殖（图6-1）、优质鸡养殖与食品加工，100余家企业遍布于全国13个省（自治区、直辖市），已成为有全国影响力的农牧企业之一。德康集团建有国家星火计划龙头企业技术创新中心，拥有国家生猪核心育种场、农业农村部健康养殖科技示范基地。近年来，集团依托强大的科技优势和遗传资源、育种体系，先后承担了国家“863”计划、公益性行业（农业）科研专项、国家发改委高新技术产业化现代农业专项、国家农业综合开发产业化经营项目等50多项国家、省部级重大科研项目，其生猪关键育种指标已达国际领先水平，并成为全国大型的优质鸡外销父母代供应商之一。

德康集团坚持生态圈产业布局模式、“种养加结合、封闭式运作”的发展思路，以“公司＋家庭农场”为主要运作模式，坚持“五化五统”“三种形式”“三个一批”“三个一点”，在保障产业生态圈的良性循环、真正确保食品安全的同时，带动中小养殖场，培育职业农民、精英农民，打造传承家业成效显著。

图 6-1　场区实景

为积极响应稳产保供的战略部署，德康集团一方面与国际化大公司进行基因合作，积极发挥集团已经建成的国家级生猪核心育种场（图 6-2）的作用，改良生猪繁育体系，同时快速提升产能，在西南、华南、华东、华北等区域新建生猪项目 57 个。2020 年，德康集团提供母猪 80 多万头，支撑 2 000 万头生猪产能。

图 6-2 猪舍布局与生产区实景

二、猪舍饲养环境及其控制

（一）饲养设施

1. 栏位设施 配怀舍包含妊娠舍、配种舍和后备舍。配怀舍内部猪栏（图 6-3）采取单列式分布。妊娠舍每排 62 个栏位（2.1m×0.55m），共 32 排；配种舍每排 60 个栏位（2.1m×0.55m）及一个大栏（2.1m×2.2m），共 4 排；后备舍有 2 排后备猪栏位，每排 64 个栏位，1 排大栏，共 10 个猪栏（4m×3.8m），此外配备四个公猪栏位（2.2m×0.55m）。定位栏配备通槽饲槽（每排 2 个通槽），大栏采用双开式方形落料饲槽，公猪栏采用独立式饲槽。各通道间距一般为 0.5～0.6m，适用于巡查、免疫、消毒、饲喂、查情、配种、治疗等作业。配怀舍所有地板采用半漏缝设计。

哺乳舍内部产床采取四列式分布，共计 9 个单元，每个单元（图 6-4）56 个产床（2.1m×1.7m），中间走道宽 1m，周边走道宽 0.9m，每个产床配备单独饲槽。

保育舍栏位按照双列式分布，共计 4 个栏位（4m×3.8m），采用双开式方形落料饲槽，配备全漏缝地板，最大饲养密度 $0.37m^3$/头，在刚转入猪时，按照 $0.26m^3$/头计算；育肥舍（图 6-5）最大饲养密度按照 $0.8m^3$/头计算，刚转猪时饲养密度为

0.5m^3/头，各栋猪舍配套热镀锌钢板料塔（图 6-6），贮料量 10～20t/个。舍内配两种链条式喂料线，下料口均可调节，下料量均匀，输料线配备故障急停和报警系统。

图 6-3　配怀舍栏位

视频 1

图 6-4　哺乳舍栏位

视频 2

2. 饮水设施　猪饮水采用自来水或深层地下水，水质符合标准要求。养殖场备用猪 1～2d 使用量的蓄水池，供水管网采用无毒管道铺设，供饮水系统包括巴斯夫超滤设备（图 6-7）、龙沙消毒设备、水表、过滤器与自动加药器（图 6-8）、饮水管、饮水乳头（定位栏配备）、接水槽/杯（大栏配备）和调压阀、产床用饮水碗（图 6-9）。水压调节保持猪舍总水压 0.5MPa 以上。

图 6-5　育肥舍栏位

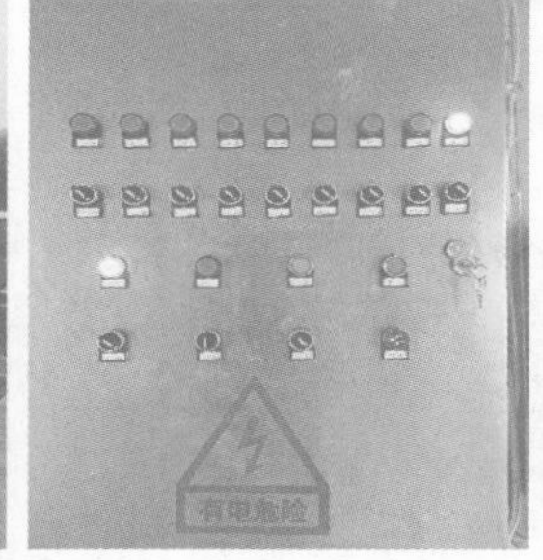

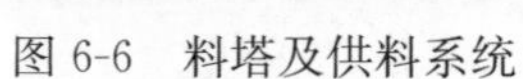

图 6-6　料塔及供料系统

视频 3

图 6-7　巴斯夫超滤设备

图 6-8　过滤器与加药器

视频 4

图 6-9　饮水碗

3. 清粪设施　配怀舍内采用轨道式刮粪机（图 6-10）进行清粪，清粪系统由控制箱、电机、转角轮、刮粪小车组成。哺乳舍采用水泡粪模式，定期打开粪塞进行清粪。粪污通过预埋管道通向环保区，设施化（图 6-11）与无害化处理。

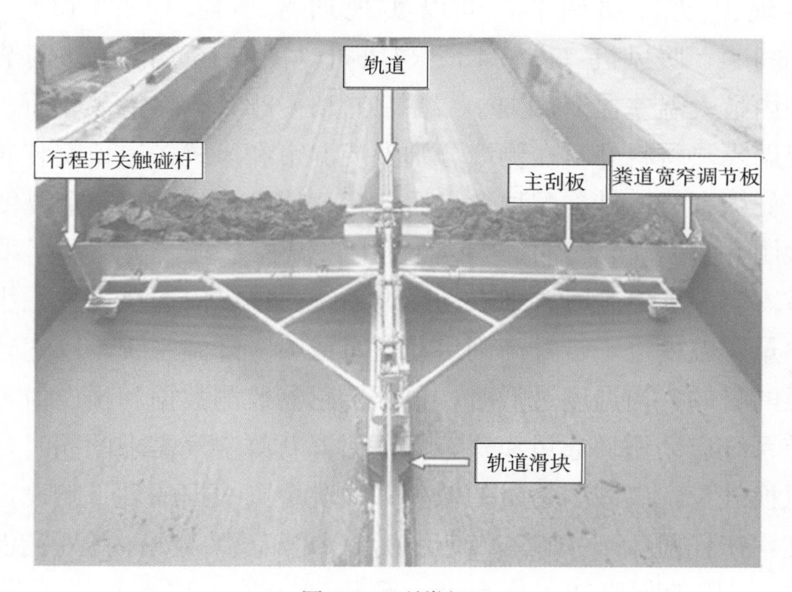

图 6-10　刮粪机

图 6-11　清粪处理设施

（二）环境控制设施

1. 温度控制　猪舍配置中央温控系统（图 6-12），根据猪群日龄、存栏量、目标温度值等进行温度设定，通过调节配套的温控设施实现温度自动调节，可以实现通风小窗（图 6-13）、湿帘（图 6-14）、暖风机（图 6-15）与风机（图 6-16）的联动调节，保持舍内最大温差在 2℃以内，维持在 18～22℃。除猪舍墙面、房顶为保温隔热材料外，在侧墙分别安装湿帘和风机，屋顶安装通风小窗，妊娠舍每 4 排、配种舍、后备舍、哺乳舍各配备一个温度传感器（图 6-17），传感器信号传输至中央温控系统，实现数据采集和调控。当温度过高时，则启动降温系统，以纵向通风为主，快速带走热量，温度进一步升高则启动湿帘或喷雾降温系统，以达到降低舍温的目的；当温度过低时，根据传感器监测数据和预设值，中央温控系统启动循环通风模式，保证猪群新鲜空气需求的同时，降低通风换气量，以减少热量的散失；哺乳舍则根据哺乳日龄设定曲线温度，产仔前 18～21℃，产后 20～23℃，保温箱内保持在 30～35℃。3 周龄断奶转入保育舍，预热到 28℃，以后每周下降 1℃，10 周龄温度为 21℃，保持温差在 3℃以内。育肥舍大环境温度维持在18～22℃。

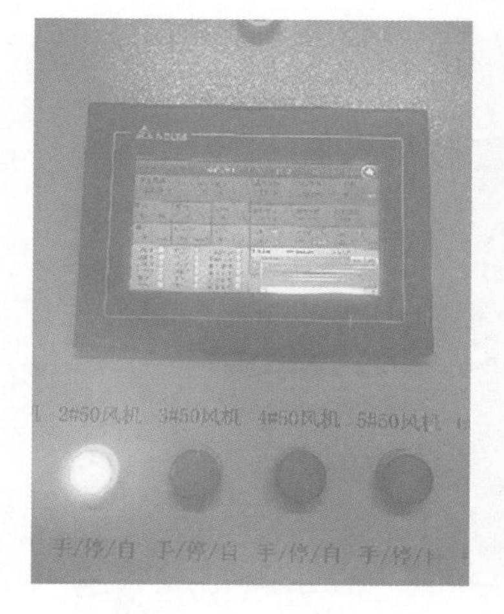

图 6-12　猪舍温控系统

图 6-13　猪舍通风小窗

视频 5

图 6-14　猪舍降温湿帘

图 6-15　猪舍暖风机

视频 6

2. 通风控制　猪舍通风设施主要包括五大组件，即中央控制器、湿帘、侧窗、导流板（图 6-18）和风机（图 6-19）。通风控制主要通过中央温控系统根据猪群日龄、存栏量、目标温度值控制排风风机、通风小窗、降温湿帘的启停，实现为猪舍提供新鲜空气、排出废气、调控湿度、排出多余热量的目的。猪舍进风口分别为湿

图 6-16　风　机

图 6-17　温度传感器

帘及顶部通风小窗为进风窗，所有进风窗自动控制开合，开口大小一致，进舍风向可导流，湿帘配置自动控制导流板；排风口位于猪舍侧墙，配置了相应数量的风机；中央控制器根据室内温度、湿度、负压等而增加或限制通风。

图 6-18　湿帘、侧窗、导流板

图 6-19　通风风机

3. 光照 配怀舍保证光照度达 200～250lx，每天光照 14～16h；保育舍光照度为 110lx，光照时间为 16～18h；育成舍光照度为 110lx，光照时间为 10～12h。

4. 消毒设施 猪场配备了人员、车辆、物资进生产区的洗消设施。进场车辆需进行“洗消烘”（图 6-20）后方可进入，人员入场前需洗澡和更衣消毒（图 6-21）；进场物资由臭氧消毒机、戊二醛熏蒸消毒和紫外线消毒柜进行消毒后进入生产区。猪舍内消毒采用清洗设备自带消毒枪头或移动式喷雾消毒机进行喷雾消毒。

图 6-20 进场车辆“洗消烘”

图 6-21 进场人员更衣消毒

三、养猪生产效果

（一）猪舍环境控制效果

猪舍环境控制的目标是为猪群创造良好的生产环境，以发挥最大的生产潜能，控制内容包括饲养密度、光照、温湿度、空气质量等。猪舍为全密闭式环境，秋、冬季以保温为主，控制舍内温度在 18～20℃，夏季加强通风，舍内温度控制在 22℃以下，湿度一般

保持在 55%～70%。通过中央控制器控制不同季节通风模式和通风量，控制设备有害气体及风尘等含量。

（二）猪群生产性能

通过不断提高养殖技术和管理水平，以及升级硬件、加强生物安全防控，德康集团的种猪生产水平逐步提高。母猪配种分娩率达到 94%以上，窝均断奶总头数超过 13 头，成活率 95%以上，全期成活率达 90 以上，母猪繁殖寿命均达到 3 年以上，后备猪利用率超过 97%。

第二节　广州力智农业有限公司猪饲养环境管理案例

一、企业基本情况

广州力智农业有限公司成立于 1995 年，位于广州市萝岗区九龙镇，是一家中外合作经营的现代化生猪养殖企业，也是国家生猪生产标准化示范区、全国养猪行业百强优秀企业、广东省原种猪场、广东省重点生猪养殖场、广东省农业龙头企业。该公司的主要品牌“力智”种猪和“穗康”牌肉猪已经连续多年荣获广东省名牌产品称号，“力智”种猪以其卓越的生产性能在历届农业农村部种猪质量监督检验测试中心（广州）评定中屡获殊荣，被中国畜牧业协会评为“中国品牌猪”。“穗康”牌肉猪是广东省农业厅和农业农村部认定的“无公害”农产品，并以其安全、优质畅销香港、澳门地区。

由青岛大牧人机械股份有限公司总承包的现代化种猪场（图 6-23），位于云浮市云安区富林镇界石村，地势通风条件和封闭防疫地理环境优良，总建筑面积 4.6 万 m^2，2 条 2 200 头母猪饲养线，配套建立专门的公猪站、场内种猪测定站和无害化处理配套设施，以及年产4万t饲料厂。该种猪场于2019年末投产，现存栏美系杜洛克、长白、大白公猪100头，基础母猪4 400头，每年可向社会供应优良美系种猪、猪苗和肉猪10万头。

图6-22 广州力智农业有限公司种猪场

视频7

二、猪饲养环境及其控制

（一）饲养设施

1. 栏位设施 整场设计1栋配怀舍、1栋哺乳舍、2栋保育舍和1栋育肥舍。配怀舍包含配怀单元、后备单元和公猪单元。其中，配怀单元（图6-23）设计定位栏1 984个，大栏8个。定位栏尺寸为2 200mm×650mm，大栏尺寸为2 200mm×2 600mm。每个大栏可以饲养3头病弱猪及难发情猪。配怀单元料槽设计为304不锈钢M型通体食槽，每10头猪一个隔断，每头猪单独的饮水嘴分开饮水。后备单元设计大栏32套，每套大栏的尺寸为3m×6m。每个大栏可以饲养后备猪10头，饲养密度为1.8m²/头。后备单元采用不锈钢双面食槽不限饲喂料。公猪单元共设计公猪定位栏51

套（2 400mm×750mm）、公猪大栏 55 套（2 400mm×3 000mm）、公猪采精大栏 2 套。

图 6-23　配怀舍单元

哺乳舍设计 10 个单元（图 6-24），其中 5 个单元 32 张产床，另外 5 个单元 64 张产床，共计 480 张产床。每张产床的尺寸均为 2.4m×1.8m。哺乳舍设计为后进前出，尾对尾 800mm 宽，头对头 900mm 宽。每个产床都配有单独的焊接式 304 不锈钢料槽，母猪配置节水式饮水嘴，仔猪配套饮水碗；产床为全漏缝设计，母猪位为铸铁漏缝地板，仔猪位为塑料漏缝地板；产床设计有可温控的电加热板和保温灯配合仔猪取暖。

图 6-24　哺乳舍单元

保育舍每栋 7 个单元（图 6-25），2 栋共计 14 个单元。每个单元 20 套保育大栏，共计 280 套保育大栏。每套保育栏尺寸为 3m×4.8m，每栏饲养 40 头猪，饲养密度为 0.36m^2/头。保育栏采用全漏缝设计，地板是塑料漏缝板。四周采用 600mm 高 PVC 围板，上方通过一道 30 方管加固，可以有效保证保育舍的温度。保育舍设计为 2 个栏共用一个双面 8 孔位不锈钢食槽，喂料方式为自动不限饲喂料。每个保育栏配备 2 个保温灯，用于冬季保育猪的取暖。

图 6-25　保育舍单元

育肥舍设计 8 个单元（图 6-26），每个单元 20 套育肥大栏，共计 160 套育肥大栏。每个育肥大栏尺寸为 6 000mm×3 400mm。中间过道尺寸为 900mm。猪舍采用全漏缝模式，铺设有水泥漏缝地板，地板缝隙宽度为 2.5cm。育肥舍设计为 2 个栏共用一个双面 6 孔位不锈钢食槽，喂料方式为自动不限饲喂料。每个栏饲养育肥猪 30 头，饲养密度为 0.68m^2/头。

2. 饮水设施　本场猪饮用水供水系统采用净化后自来水，水质符合标准养殖要求。猪舍每个单元都配备有减压阀、智能水表（可上传水量数据到互联网）、进口水线加药器、过滤器。保证每一个单元的猪只饮水安全可靠，数据可控可查。母猪舍采用节水饮水嘴，保育舍采用饮水碗，育肥舍采用饮水碗，可以有效节水，减少

图 6-26 育肥舍单元

水资源的浪费，并且可以减轻后端污水处理的压力。

3. 清粪设施 该猪场全部采用浅池式液泡粪模式，通过拔塞方式，定期排出。通过 φ300 的 PVC 管道，把每栋猪舍的粪污引入污水处理设施进行处理，具体处理工艺如图 6-27 所示。

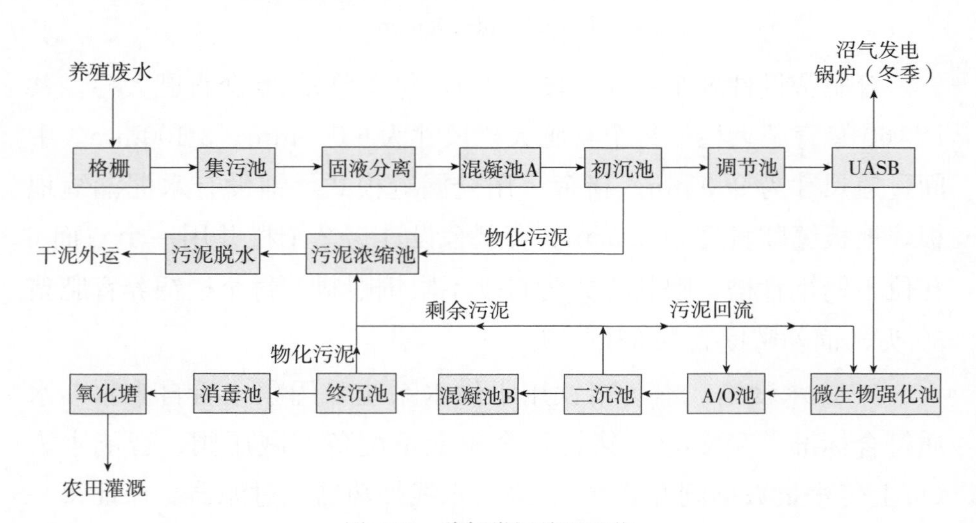

图 6-27 猪场粪污处理工艺

（二）环境控制设施

1. 温度控制 每栋猪舍的每一个单元都配备有环境控制器和报警装置。能够根据猪的饲养曲线和实时温度，通过环境控制器控制风机、湿帘、小窗等通风设备，确保猪舍内的温度可控制在猪舒适环境温度。通过猪场物联网系统（图 6-28），可以把每栋猪舍的环境参数实时上传到互联网，通过管理软件对每栋猪舍实现集中管理。通过物联网可以实现环境数据、设备数据和饲养数据实时监测、采集、反馈；能够有效地对猪舍内的温度、湿度、二氧化碳浓度、氨气浓度、风速、光照、饮水量、饲喂量等数据进行有效的监控。根据监控的环境数据反馈，通过设备对环境的自动控制，实现通风、降温、加热，满足猪生长与生产需求。根据设备反馈的数据，对设备实时评估性能、预警、检修、及时进行保养、排除故障，实现设备的精细化管理。饲养数据实时监测、采集、反馈，及时评估猪生产能力，实现对饲养人员的精细化考核，及时调整饲养管理方案。

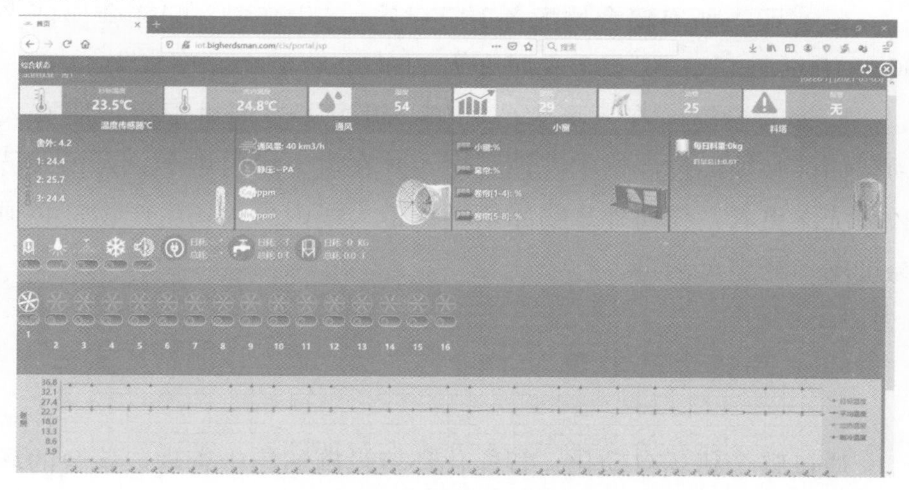

图 6-28 猪饲养物联网系统

2. 通风控制 该场所有猪舍均采用大栋小单元式联栋设计，全年都从猪舍中间屋脊阁楼出进风，保证进风空气新鲜度。通风系统（图 6-29）在夏季通风时风从阁楼进入经过湿帘，纵向通风从风机端排出；冬季通风时风从阁楼进入后，经过湿帘上方通风窗进入吊顶上部，通过猪舍内部的吊顶进风窗垂直通风进入猪舍，保证了冬季通风的均匀性。

图 6-29 通风系统

3. 光照 所有猪舍均配备 LED 灯＋三防灯罩。配怀舍保证光照在 150～250lx，保育舍光照度为 110lx，育肥舍光照度为 110lx。

4. 消毒设施 在入场大门外侧，设置了洗消烘干房，所有入场车辆都必须经过严格的洗消程序，并在烘干房内烘干。入场人员必须洗澡更衣，任何外来物品均不可带入场内。入场生产物资必须经过戊二醛熏蒸消毒。

三、养猪生产效果

通过整个猪场自动化、智能化环境设施的集中管理，猪舍的环境温度都能达到设计指标。在广州炎热的夏季，猪舍内温度仍能控制在 24℃以内。氨气、二氧化碳、湿度等指标更是达到了优良水平。

猪场 2019 年实现全面投产，依托于先进的设计理念，优良的设施设备和不断改进的养殖技术和管理方法，PSY 现已经达到 28 头以上，且仍在逐步提高。

第三节　哈尔滨鸿盛集团寒地装配式种养一体化非补温日光生态猪舍生猪饲养环境管理案例

一、企业基本情况

哈尔滨鸿盛集团创立于 1998 年，致力于新型、抗震建筑节能体系和聚苯模块等建筑节能材料的研发和产业推广，建造了我国第一座工厂化、标准化、规模化生产聚苯模块及配套产品的产业化基地——哈尔滨鸿盛建筑材料制造股份有限公司，配备国内最先进的电脑全自动聚苯模块生产线，年产量可满足 800 万 m^2 节能建筑的需求。哈尔滨鸿盛集团先后组建哈尔滨鸿盛房屋节能体系研发中心、黑龙江省鸿盛建筑科学研究院，并与哈尔滨工业大学、黑龙江省农业科学研究院畜牧研究所、东北农业大学联合开展科研攻关，目前已经取得 200 余项专利并全部实现产业化，通过专利技术实施许可在俄罗斯及我国 20 余省、市建设 60 余座产业化基地。鸿盛聚苯模块及相关配套产品，两次获得“国家重点新产品”证书，被国家建设部科技发展促进中心列为全国建设行业科技成果推广项目，被住房和城乡建设部住宅产业化促进中心列为国家康居示范工程选用产品；黑龙江省鸿盛建筑科学研究院先后被住房和城乡建设部认定为“国家住宅产业化基地”和“国家装配式建筑产业基地”。

哈尔滨鸿盛集团将自主知识产权的装配式低能耗建筑建造技术与寒地生猪养殖技术有机融合，将空腔聚苯模块与现浇混凝土结构组合为复合墙体，配置双层钢拱架、双层棚膜系统，再将保温棉被系统、自动除雪系统、自动融霜系统、冷凝水收集系统、秸秆发酵床生物降解粪便系统、疫病防控和自动洁净消毒系统、地道新风加热和排风热回收系统、水料自动补给系统、信息化自动控制和远程诊断系统、轻音乐系统等有机结合，研发出“寒地装配式种养一体化非补温日光温室生态猪舍”成套技术，可在几乎不增加建造成本的前提下，实现了冬季无须补温即可满足生猪生长需求。此生态猪舍（图6-30）冬暖夏凉之外，还可利用太阳光进行紫外线消毒，由通风系统保持空气清新，打造优质、舒适的饲养环境，进而提高生猪机体免疫力，降低重大疾病发生率，易于生猪健康生长，可为消费者提供营养更丰富的猪肉。

图6-30　生态猪舍

视频8

二、猪舍饲养环境及其控制

寒地装配式种养一体化非补温日光温室生态猪舍养殖技术（图

6-31）适用于仔猪、保育、育肥、后备母猪的饲养，妊娠母猪、分娩母猪和种公猪不建议在生态猪舍中饲养。因为妊娠母猪后期腹部膨胀、体重剧增、肚皮与垫料层接触紧密，容易引发皮炎和过敏反应；母猪分娩期间，垫料等杂物容易造成乳猪的脐带伤口及小猪阉割后的伤口发炎；哺乳母猪的乳头也不宜接触垫料，以免引发乳房炎症；种公猪宜单栏饲养，应给予更优越的降温、换气、卫生条件。

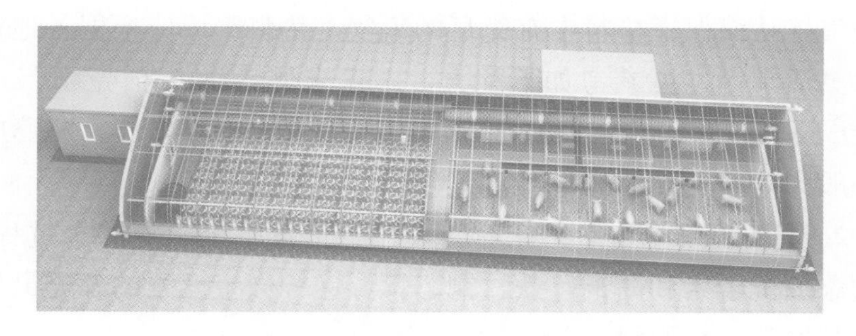

图 6-31　寒地装配式种养一体化非补温日光温室生态猪舍模式

（一）猪舍建设及生产管理

1. 猪舍的建设　在黑龙江等寒区建造该模式的生态猪舍时，一定要同时兼顾夏季通风换气、降温和冬季保温、除湿两方面问题。可采用单坡式或双坡式屋顶，南北朝向，猪舍跨度一般是9～12m，长度因地制宜。猪舍墙体采用空腔聚苯模块（图 6-32）与现浇混凝土结构组合方式，省时、省工、节省成本。

图 6-32　猪舍建设用空腔聚苯模块

生态猪舍内发酵床采用地下槽模式，中间用高铁栅栏进行分隔，位于发酵床中间的隔栏应深入床下20～30cm，防止垫料塌陷后出现漏洞，使猪拱洞钻过混栏。发酵床的四壁要用水泥和砖块堆砌，饮水台的位置设置要合理，要保证猪饮水时滴漏的水落在栏舍外部，避免弄湿垫料。

发酵床垫料是生态养猪技术成功的关键。垫料一般选择锯末、稻壳、玉米秸秆等。当用秸秆粉和稻壳制作时，必须将其晒干，蓬松透气，从而保证垫料中有充足的氧气。垫料组成应根据各地资源条件灵活掌握，可参考如下配方，即锯末屑50%、稻壳40%、秸秆10%、0.2%菌液（发酵剂），并添加60%～70%水。发酵床深度一般为0.8～1.0m。

2. 饲养管理 生态菌床养猪，在生长育肥至出栏的全过程中，无须添加抗生素和高铜，铁、铜、锌、锰等微量元素的补充最好采用氨基酸螯合物原料。

（1）生长猪 菌床养猪饲养密度，仔猪为每头0.6～0.8m²，保育猪每头1.0～1.5m²，预防注射、驱虫管理等与传统猪舍养殖管理相似。仔猪调节体温的能力弱、皮下脂肪较少，对低温非常敏感，而菌床养猪能有效地克服此问题，垫料20cm深处温度可达20～22℃，25cm深处可达28～30℃。仔猪通过拱掘就可躺卧在合适的位置，能较好地满足仔猪对温度的需要；且温度较恒定，不易造成猪的温差应激，减少腹泻等疾病的发生，非常适合小猪的生长（图6-33）。

（2）育肥猪 育肥猪密度要适中，平均每头育肥猪占地1.5～2.5m²。与传统养猪一样，首先要做好防疫，控制疾病的发生。猪进入发酵育肥舍（图6-34）前必须做好驱虫工作。垫料表面不起灰尘时第一周不要特意管理，1周后需每周翻垫料1～2次，搅拌深度达30cm以上。若垫料起灰尘说明垫料水分不足，应根据垫料干湿情况在表面洒水。在特别湿的地方可加入适量的新锯末和稻壳，到50d时全面翻整1次。

图 6-33　生长猪舍

视频 9

图 6-34　育肥猪舍

（3）后备母猪　菌床饲养母猪，要求表层更干爽一些，表层垫料含水量需在 25%以内，标准是不扬尘。冬季基本上不用洒水，但要根据情况补充菌种。夏季则视情况在垫料中添加调节剂和水。其他管理与传统猪舍管理相似。

（二）环境控制设施

1. 监控点位　合理布设监控点位，利用鸿盛农业云，实现生态猪舍内各项技术参数和指标全天候跟踪监测，监控点位布置如图6-35所示。

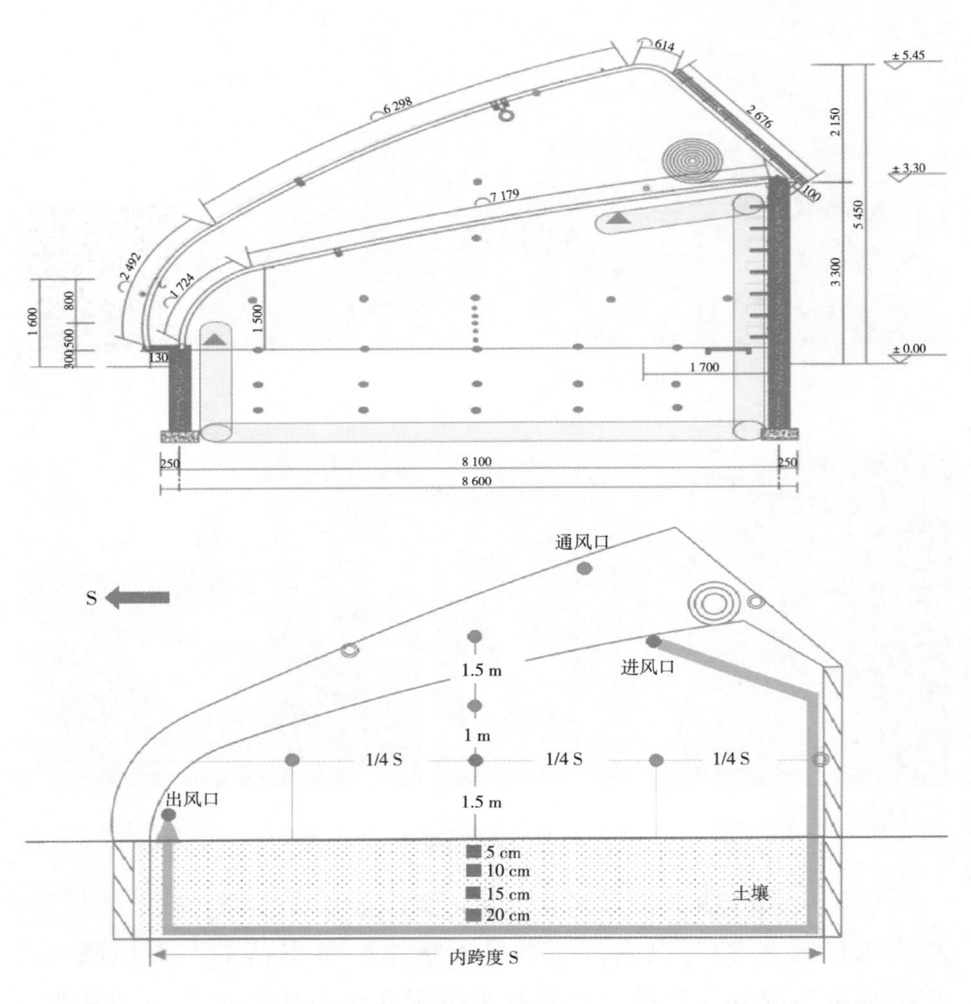

图 6-35　监控点位布置

2. 自动除雪控制　自动除雪控制系统（图6-36）通过压力传感器感知大棚顶部积雪达到预设压力的情况下，将信号反馈给微型电脑控制板，由控制板接通电路并发出加热指令至电热丝，通过电热丝发热进行融雪除雪工作；吹风系统作为除雪辅助，对积雪进行机械吹风除雪，实现自动或手动开启，从而达到智能除雪的功能。

图 6-36　自动除雪控制

3. 温度和光照控制　非补温日光温室生态猪舍采用外遮阳、双层膜、内置高保温棉被系统，棚顶铺设太阳能板设计，极大地增强了对温度和光照的调节能力（图 6-37）。此外，智能化的温度控制系统，还可以通过通风小窗、湿帘与风机的联动调节，实现猪舍温度自动调节，满足不同阶段猪的生产要求。温度传感器信号传输至中央温度控制系统，实现数据采集和调控。当温度过高时，则启动降温系统，以纵向通风为主，快速带走热量，温度进一步升高则启动湿帘或喷雾降温系统，以达到降低舍温的目的；当温度过低时，根据传感器监测数据和预设值，中央温度控制系统启动循环通风模式，保证猪群新鲜空气需求的同时，降低通风换气量，以减少热量的散失。

4. 其他环境参数控制　通过鸿盛农业云，实现养殖区内温湿度、二氧化碳、硫化氢、氨气浓度等环境参数自动调控（图 6-38）。

图 6-37　温度和光照控制

图 6-38　其他环境参数控制

三、养猪生产效果

在猪舍环境可控的基础上，通过不断提高养殖技术和管理水平，以及升级硬件、加强生物安全防控，哈尔滨鸿盛集团寒地装配式种养一体化非补温日光生态猪舍生猪饲养水平逐步提高。猪舍内臭味小、湿度低、空气新鲜，猪福利水平较高，生长育肥猪成活率达 97.5%以上，猪肉品质有所改善；此外，这种饲养方式养猪污水量明显减少，种养结合，生态环保。

主要参考文献

曹进，张峥，2003. 封闭猪场内氨气对猪群生产性能的影响及控制试验[J]. 养猪，4：42-44.

柴捷，陈磊，郭宗义，等，2019. 湿热环境中温度和风速对妊娠母猪血清生化指标的影响[J]. 西南农业学报，32（3）：673-678.

陈龙，吕晓能，谭宇明，等，2019. 照明灯具在养猪舍的应用研究[J]. 现代农业装备，3：1-10.

邓小闻，张宏娟，张学兰，等，2012. 猪舍氨气的危害及降低氨气浓度的意义[J]. 现代畜牧兽医，3：67-69.

付永利，张丹，唐佩娟，等，2019. 短光照季节光强对种公猪血液指标影响试验[J]. 中国畜禽种业，15（1）：96-97.

高航，袁雄坤，姜丽丽，等，2018. 猪舍环境参数研究综述[J]. 中国农业科学，51（16）：3226-3236.

高岩，2015. 猪舍光照指标及照明系统的建议[J]. 猪业科学，32（12）：42-43.

郭春华，2004. 环境温度对生长育肥猪蛋白质和能量代谢及利用影响模式研究[D]. 雅安：四川农业大学.

黄藏宇，2012. 猪场微生物气溶胶扩散特征及舍内空气净化技术研究[D]. 金华：浙江师范大学.

李峰，2012. 光照对养猪的影响及猪舍光照控制技术[J]. 中国畜牧兽医文摘，12：83-83.

李季，2018. 不同浓度氨气对生长猪鼻腔微生物区系和呼吸道黏膜屏障的影响[D]. 武汉：华中农业大学.

李雪，陈凤鸣，霞，等，2017. 饲养密度对猪群健康和猪舍环境的影响[J]. 动物营养学报，29（7）：2245-2251.

刘华凤，2004. 家畜环境卫生学[M]. 北京：中国农业大学出版社.

刘继军，2016. 家畜环境卫生学[M]. 北京：中国农业出版社.

刘建伟，马文林，2010. 猪舍微生物气溶胶污染特性研究[J]. 安徽农业科学，38（28）：15665-15667.

刘圈炜，卢庆萍，张宏福，等，2009. 持续高温对生长猪生长性能及养分消化率的影响[J]. 动物营养学报，21（6）：982-986.

刘铁男，2017. 光照对猪的影响及光照管理[J]. 现代畜牧科技，2：16-19.

刘秀明，2017. 猪舍环境的控制与改善[J]. 现代畜牧科技，6：2-8.

刘玉龙，周海，2016. 温度和湿度对猪的影响及其控制措施[J]. 现代畜牧科技，12：31.

欧阳照华，杨永钦，2010. 不同饲养密度对育肥猪生产性能的影响[J]. 当代畜牧，9：7-9.

潘新尤，徐杰，2012. 气温对母猪受胎率的影响[J]. 养猪，2：37-38.

彭癸友，覃发芬，2002. 光照对母猪几项繁殖指标的影响[J]. 当代畜牧，7：21-26.

漆海霞，张铁民，罗锡文，等，2015. 现代化生猪养殖环境测控技术现状与发展趋势[J]. 家畜生态学报，36（4）：1-5.

田卫华，乔瑞敏，吕刚，等，2016. 光照对猪生长发育、繁殖性能及免疫力的影响[J]. 家畜生态学报，11：87-90.

王美芝，吴中红，刘继军，等，2016. 猪舍有害气体及颗粒物环境参数研究综述[J]. 猪业科学，33（4）：94-97.

夏九龙，刁华杰，冯京海，等，2016. 温热环境对育肥猪体温调节的影响规律[J]. 动物营养学报，28（11）：3386-3390.

夏军，张杰，2015. 猪群密度对育肥猪生长性能的影响[J]. 当代畜牧，21：2-3.

颜培实，李如治，2011. 家畜环境卫生学[M]. 第4版. 北京：高等教育出版社.

杨润泉，方热军，杨飞云，等，2016. 环境温湿度和猪舍空气质量对妊娠母猪生产性能的影响[J]. 家畜生态学报，37（12）：40-43.

杨顺武，2002. 环境温度对猪生产水平与健康状况的影响[J]. 广西农业科学，2：77.

殷宗俊，汪春乾，王自立，2000. 饲养密度对断奶仔猪生长和行为的影响[J]. 安徽农业大学学报，27（1）：79-81.

袁文，柴同杰，苗增民，等，2010. 猪舍环境气载需氧菌含量的季节性变化及其健康风险评估[J]. 西北农林科技大学学报（自然科学版），38（5）：51-55.

曾新福，陈安国，2001. 环境温度对母猪繁殖性能及仔猪生长的影响[J]. 家畜生态，1：40-43.

张丽萍，董万福，付延军，2017. 延长光照时间对仔猪培育的影响[J]. 猪业科学，12：96-97.

张颖，2019. 光照在养猪实际生产中的应用[J]. 现代畜牧科技，7：11-12.

章四新，袁军，肖锦红，等，2012. 高温条件下如何做好猪场的管理[J]. 今日畜牧兽医，6：26-28.

郑芳，2010. 规模化畜禽养殖场恶臭污染物扩散规律及其防护距离研究［D］. 北京：中国农业科学院.

周凯，刘春龙，吴信，2019. 集约化饲养条件下饲养密度对猪生长性能和健康影响的研究进展[J]. 动物营养学报，31（1）：57-62.

朱丽媛，卢庆萍，张宏福，等，2015. 猪舍中 NH_3 的产生、危害和减排措施[J]. 动物营养学报，27：2328-2334.

Amec F W M，Metals A，2016. Agricultural building ventilation systems. https：//www2. gov. bc. ca/assets/gov/farming-natural-resources-and-industry/agriculture-and-seafood/farm-management/structures-and-mechanization/300-series/3064121 _ ventilation _ report . pdf.

Bates R O，Edwards D B，Ernst C W，et al，2011. Influence of finishing environment on pig growth performance and carcass merit［J］. Journal of swine health and production，19（2）：86-93.

Blanes V，Pedersen S，2005. Ventilation flow in pig houses measured and calculated by carbon dioxide，moisture and heat balance equations. Biosystems Engineering，92（4）：483-493.

Bruininx E，Heetkamp M J W，Van den Bogaart D，et al，2002. A prolonged photoperiod improves feed intake and energy metabolism of weanling pigs［J］. Journal of animal science，80（7）：1736-1745.

Canaday D C，Salakjohnson J L，VISCONTI A M，et al，2013. Effect of variability in lighting and temperature environments for mature gilts housed in gestation crates on measures of reproduction and animal well-being［J］. Journal of Animal Science，91（3）：1225-1236.

Christenson R K，1981. Influence of confinement and season of the year onpuberty and estrous activity of gilts［J］. Journal of Animal Science，52（52）：821-830.

Clark J A，1981. Environmental aspects of housing for animal production［M］. London：Butterworths.

Colin T，Kyriazakis I，2006. Whittemore′s Science and Practice of Pig Production，Wiley-Blackwell Press.

Collin A，Jvan M，Le D J，2001. Modelling the effect of high，constant temperature on food intake in young growing pigs［J］. Animal Science，72（3）：519-527.

Cornale P，Macchi E，Miretti S，2015. Effects of stocking density and environmental enrichment on behavior and fecal corticosteroids levels of pigs under commercial farm conditions [J] . Journal of Veterinary Behavior Clinical Applications & Research, 10 (6): 569-576.

Cruzen S M, Boddicker R L, Graves K L, et al, 2015. Carcass composition of market weight pigs subjected to heat stress in utero and during finishing [J] . Journal of Animal Science, 93 (5): 2587-2596.

Curtis S E, 1983. Environmental management in animal agriculture [M] . Ames, Iowa: Iowa State University Press.

Fu L, Li H, Liang T, 2016. Stocking density affects welfare indicators of growing pigs of different group sizes after regrouping [J] . Applied Animal Behaviour Science, 174: 42-50.

Huynh T T, Aarnink A J, Verstegen M W, et al, 2005. Effects of increasing temperatures on physiological changes in pigs at different relative humidity [J] . Journal of Animal Science, 83 (6): 1385-1396.

Karaca C, Yildiz Y, Dagtekin M, et al, 2016. Effect of water flow rate on cooling effectiveness and air temperature chance in evaporative cooling pad systems [J] . Environmental Engineering & Management Journal, 15 (4): 827-833.

Kaswa N, Patel B, Mondal S K, 2015. Effect of reduced floor space allowances on performance of crossbred weaner barrows [J] . Indian Journal of Animal Research, 49 (2): 241.

Kim K H, Kim K S, Kim J E, et al, 2017. The effect of optimal space allowance on growth performance and physiological responses of pigs at different stages of growth [J] . Animals, 11 (3): 478-485.

Kliebenstein J, 2002. Iowa concentrated animal feeding operation air quality study. Staff General Research Papers Archive.

Lammers P J, Stender D R, Honeyman M S, 2007. Niche Pork Production-Environmental needs of the pigs (IPIC NPP 210) . Iowa State University.

Le B L, Jvan M, Noblet J, 2016. Effect of high ambient temperature on protein and lipid deposition and energy utilization in growing pigs [J] . Animal Science, 75: 85-96.

Le B L, Van M, Noblet J, 2002. Effect of high ambient temperature on protein and lipid deposition and energy utilization in growing pigs [J] . Animal Science, 75 (1): 85 - 96.

Le P D, Aarnink A J A, Ogink N W M, et al, 2005. Effects of environmental factors on odor emission from pig manure [J]. Transactions of the ASAE, 48 (2): 757-765.

Lucy M C, Safranski T J, 2017. Heat stress in pregnant sows: Thermal responses and subsequent performance of sows and their offspring [J]. Molecular Reproduction Development, 946-956.

Martelli G, Boccuzzi R, Grandi M, et al, 2010. The effects of two different light intensities on the production and behavioural traits of Italian heavy pigs [J]. Berliner und Munchener Tierarztliche Wochenschrift, 123 (11-12): 457-462.

Martelli G, NAnnoni E, Grandi M, et al, 2015. Growth parameters, behavior, and meat and ham quality of heavy pigs subjected to photoperiods of different duration [J]. Journal of animal science, 93 (2): 758-766.

Martelli G, Scalabrin M, Scipioni R, et al, 2005. The effects of the duration of the artificial photoperiod on the growth parameters and behaviour of heavy pigs [J]. Veterinary research communications, 29: 367-369.

Michiels A, Piepers S, Ulens T, et al, 2015. Impact of particulate matter and ammonia on average daily weight gain, mortality and lung lesions in pigs. Preventive veterinary medicine, 121 (1): 99-107.

Monteith J L, Mount L E, 1974. Heat loss from animals and man: Proceedings of the twentieth Easter School in Agricultural Science, University of Nottingham [M]. London: Butterworths.

Murphy T, Cargill C, Rutley D, et al, 2012. Pig-shed air polluted by haemolytic cocci and ammonia causes subclinical disease and production losses [J]. Veterinary Record, 171 (5): 123.

Nicks B, Laitat M, Farnir F, et al, 2003. Emissions of ammonia, nitrous oxide and carbon dioxide and water vapor in the raising of weaned pigs on straw-based and sawdust-based deep litters [J]. Animal Research, 52: 299-308.

Nicks B, Laitat M, Vandenheede M, et al, 2005. Gaseous emissions in the raising of weaned pigs on fully slatted floor or on sawdust-based deep litter. In: INRA (Ed.), Proceedings of the International workshop on green pork production [J]. Paris, France: 123-124.

Niekamp S R, Sutherland M A, Dahl G E, et al, 2007. Immune responses of piglets to weaning stress: Impacts of photoperiod [J]. Journal of animal science, 85 (1): 93-100.

Pang Z，Li B，Xin H，et al，2011. Field evaluation of a water-cooled cover for cooling sows in hot and humid climates [J] . Biosystems Engineering，110 (4)：413-420.

Philippe F X，Laitat M，Canart B，et al，2006. Effects of a reduced diet crude protein content on gaseous emissions from deep-litter pens for fattening pigs [J] . Animal Research，55：397-407.

Philippe F X，Nicks B，2015. Review on greenhouse gas emissions from pig houses：Production of carbon dioxide，methane and nitrous oxide by animals and manure [J] . Agriculture Ecosystems & Environment，199：10-25.

Quiniou N，Noblet J，Van M J，et al，2001. Modelling heat production and energy balance in group-housed growing pigs exposed to low or high ambient temperatures [J] . British Journal of Nutrition，85 (1)：97-106.

Ray K，Pat M，2013. Preparing for the summer months：Seasonal infertility and beyond [M] . Australian Pork.

Scollo A，Gottardo F，Contiero B，2014. Does stocking density modify affective state in pigs as assessed by cognitive bias，behavioural and physiological parameters [J] . Applied Animal Behaviour Science，153 (4)：26-35.

Shimozawa A，2000. Voluntary feed intake and feeding behaviour of group-housed growing pigs are affected by ambient temperature and body weight [J] . Livestock Production Science，63 (3)：245-253.

Tast A，Virolainen J V，et al，2005. Investigation of a simplified artificial lighting programme to improve the fertility of sows in commercial piggeries [J] . Veterinary Record，156 (22)：702-705.

Tast A，Love R J，Evans G，et al，2001. Thephotophase light intensity does not affect the scotophase melatonin response in the domestic pig [J] . Animal reproduction science，65 (3-4)：283-290.

Taylor N，Prescott N，Perry G，et al，2006. Preference of growing pigs for illuminance [J] . Applied AnimalBehaviour Science，96 (1-2)：19-31.

Velarde A，Cruz J，Gispert M，et al，2007. Aversion to carbon dioxide stunning in pigs：Effect of carbon dioxide concentration and halothane genotype [J] . Animal Welfare，16：513-522.

Wathes C M，Tgm D，Teer N，et al，2002. Production responses of weaned pigs after chronic exposure to airborne dust and ammonia [J] . Animal Science，78 (1)：87-98.

Williams A M，Safranski D E，Eichen P A，et al，2013. Effects of a controlled heat stress during late gestation，lactation，and after weaning on thermoregulation，metabolism，and reproduction of primiparous sows [J] . Journal of Animal Science，91 (6)：2100-2714.

Wolter B F，Ellis M，Corrigan B P，2003. Effect of restricted postweaning growth resulting from reduced floor and feeder-trough space on pig growth performance to slaughter weight in a wean-to-finish production system [J] . Journal of Animal Science，81 (4)：836-842.

Zong C，Feng Y，Zhang G Q，et al，2014. Effects of different air inlets on indoor air quality and ammonia emission from two experimental fattening pig rooms with partial pit ventilation system-summer condition [J] . Biosystems Engineering，122：163-173.

图书在版编目（CIP）数据

猪健康高效养殖环境手册 / 臧建军，王军军主编 .
—北京 ：中国农业出版社，2021. 6
（畜禽健康高效养殖环境手册）
ISBN 978-7-109-28579-8

Ⅰ. ①猪… Ⅱ. ①臧… ②王… Ⅲ. ①养猪学—手册
Ⅳ. ①S828-62

中国版本图书馆 CIP 数据核字（2021）第 148528 号

中国农业出版社出版
地址：北京市朝阳区麦子店街 18 号楼
邮编：100125
策划编辑：周晓艳 王森鹤
责任编辑：王森鹤 周晓艳
数字编辑：李沂航
版式设计：杜 然 责任校对：刘丽香
印刷：北京通州皇家印刷厂
版次：2021 年 6 月第 1 版
印次：2021 年 6 月北京第 1 次印刷
发行：新华书店北京发行所
开本：700mm×1000mm 1/16
印张：10. 5
字数：200 千字
定价：50. 00 元
